普通高等教育"十三五"规划教材

# 材料专业概论

李　霄　王世清　主编
徐学利　主审

中国石化出版社

## 内 容 提 要

《材料专业概论》是材料类专业的入门教科书。全书以材料的"成分与结构—制备与加工—物理、化学及工艺性能—使用效能"为主线，从工程实际出发，主要介绍了材料科学的基本概念和范畴，重要工程材料的成分、结构、性能、制备与加工技术，同时介绍了材料的成分、结构、性能分析技术。

本书可以作为材料类专业入门基础课程的教学用书，也可作为材料成型及控制工程、过程装备与控制工程、油气储运工程等相关专业的选修课教材或教学参考书，同时也可供从事材料理论研究、加工制造等工作的工程技术人员参考。

**图书在版编目（CIP）数据**

材料专业概论 / 李霄，王世清主编. —北京：中国石化出版社，2017.4
普通高等教育"十三五"规划教材
ISBN 978-7-5114-3608-5

Ⅰ.①材… Ⅱ.①李… ②王… Ⅲ.①材料科学-高等学校-教材 Ⅳ.①TB3

中国版本图书馆 CIP 数据核字（2017）第 060653 号

**中国石化出版社出版发行**
地址：北京市朝阳区吉市口路 9 号
邮编：100020　电话：(010)59964500
发行部电话：(010)59964526
http://www.sinopec-press.com
E-mail：press@sinopec.com
北京科信印刷有限公司印刷
全国各地新华书店经销
＊
787×1092 毫米 16 开本 9.75 印张 260 千字
2017 年 5 月第 1 版　2017 年 5 月第 1 次印刷
定价：25.00 元

# 前　言

材料、信息和能源被称为现代人类文明的三大支柱，材料是基础中的基础，作为先导和支柱产业，起着不可替代的作用。材料类专业是研究材料的成分、结构、加工方法、性能和使用效能的学科。金属材料一般是指工业应用中的纯金属或合金。由于具有良好的物理、化学、力学及工艺等性能，金属材料在工业生产中得到了广泛应用，是材料类专业研究的重点之一。

本书紧密围绕材料类专业的特色及其研究对象的工程应用，以材料的"成分与结构—制备与加工—物理、化学及工艺性能—使用效能"为主线，阐述了材料科学相关的基本理论与概念，通过引用科研和生产实践中的一些技术成果和典型案例，力图做到内容由浅入深、系统性与实用性相统一。同时启发学生独立思考，使其充分认识材料类专业的特色，并初步了解主要工程材料的特征、基本的材料制备、加工工艺及常用的材料分析方法。

本书既可作为高等学校材料类专业基础课程教材，也可作为材料成型及控制工程、过程装备与控制工程、油气储运工程等有关专业的选修课教材或教学参考书；同时也可供从事材料研究、材料加工制造等工作的工程技术人员参考。

本书由西安石油大学李霄、王世清主编，西安石油大学徐学利主审。全书共5章，其中第1章、第2章由王世清编写，第3章、第4章和第5章由李霄编写。

本书的出版得到了西安石油大学青年科研创新团队（2015QNKYCXTD02）、国家自然科学基金（51505379）及西北工业大学凝固技术国家重点实验室（SKLSP201505）的支持，同时得到了西安石油大学周勇、周好斌、张骁勇、宋海洋、雒设计等在内容及编排方面的帮助，谨致感谢。

由于编者水平所限，书中错误或不足之处在所难免，恳请广大读者批评指正。

编　者

# 目　　录

# 1 绪 论

材料是人类社会发展的基础和先导，是人类社会进步的里程碑和划时代的标志。材料、能源和信息被称为人类社会的"三大支柱"，其中材料是基础中的基础，作为先导和支柱产业，起着不可替代的作用。所谓材料是指人类用于制造物品、器件、构件、机器或其他产品的物质。材料是物质，但并不是所有物质都是材料。一般来自采掘工业和农业的劳动对象称为原料，而经过工业加工的原料(如钢铁、水泥)称为材料。

## 1.1 材料与材料科学

### 1.1.1 材料发展历程

材料是人类生活和生产的物质基础，是人类认识自然和改造自然的工具。纵观人类发现材料、利用材料的历史，一种新材料的出现必将促进技术的进步和文明的发展。因此在科学家看来，人类文明的历史就是材料的发展史。而从考古学的角度，人类文明也正是按所使用材料的特征被划分为旧石器时代、新石器时代、青铜器时代、铁器时代等。从人类的出现到21世纪的今天，随着人类的文明程度不断提高，材料的发展大致经历了以下五个发展阶段。

（1）纯天然材料阶段

在远古的旧石器时代，人类只会使用天然材料(兽皮、甲骨、羽毛、树木、草叶、石块、泥土等)。在新石器时代人类的文明程度有了很大进步，在制造器物方面有了种种技巧，但仍然是对纯天然材料(石头、天然铜或金)的简单加工。

（2）热量制造材料阶段

在新石器时代人类已经发明了用黏土成型、用火烧固化的烧陶工艺，后来在烧陶的过程中偶然发现了金属铜和锡，进而掌握了浇注青铜的技术，使人类文明进入了青铜器时代。公元前9世纪，中国古人已经掌握了钢铁的冶炼技术，极大促进了生产力的大发展。

18世纪发明的蒸汽机、19世纪发明的电动机，对金属材料提出了更高的要求，进而推动了转炉炼钢、平炉炼钢技术的发展。随着电炉冶炼技术的发展，高锰钢、高速钢、硅钢、镍铬不锈钢相继问世。同时铜、铝、镁、钛及其他稀有金属也得到了大量应用。

（3）物理与化学原理合成材料阶段

20世纪初，随着物理学和化学等科学的发展以及各种检测技术的出现，人类一方面从化学角度出发，开始研究材料的化学组成、化学键、结构及合成方法，另一方面从凝聚态物理、晶体物理和固体物理等方面研究材料的组成、结构及性能之间的关系。正是由于物理和化学等科学理论在材料技术中的应用，从而形成了材料科学。在此基础上，人类开始了人工合成塑料、合成纤维及合成橡胶等合成高分子材料的新阶段。另外除合成高分子材料，人类也合成了一系列的合金材料和无机非金属材料。超导材料、半导体材料、光纤等材料都是这一阶段的杰出代表。

（4）材料的复合化阶段

20世纪50年代金属陶瓷的出现标志着复合材料时代的到来。随后又出现了玻璃钢、铝塑薄膜、梯度功能材料以及最近出现的抗菌材料的热潮，都是复合材料的典型实例。它们都是为了适应高新技术的发展以及人类文明程度的提高而产生的。

（5）材料的智能化阶段

自然界中的材料都具有自适应、自诊断和自修复的功能，如所有的动物或植物都能在没有受到绝对破坏的情况下进行自诊断和修复，人工材料目前还不能做到这一点。但是近三四十年研制出的一些材料已经具备了其中的部分功能，这就是目前最吸引人们注意的智能材料，如形状记忆合金、光致变色玻璃等。尽管近10余年来，智能材料的研究取得了重大进展，但是离理想智能材料的目标还相距甚远，而且严格来讲，目前研制成功的智能材料还只是一种智能结构。

### 1.1.2　材料科学

1957年前苏联人造卫星上天，美国为之震惊，认为美国在这个领域技术落后的主要原因是材料的落后，于是先后成立了十余个材料研究中心，采用先进的科学理论与实验方法对材料进行深入的研究，从此形成了"材料科学"这个名词。

材料科学的形成是科学技术发展的结果。固体物理、无机化学、有机化学、物理化学等学科的发展，推动了材料结构、物性的深入研究，同时冶金学、金属学、陶瓷学、高分子学等的发展使得材料本身大大加强，对材料的制备、结构与性能及其相互关系的研究奠定了材料科学的基础。

在材料科学这个名词出现以前，金属材料、高分子材料与陶瓷材料都已自成体系，然而它们之间存在着诸多相似之处。如马氏体相变本来是金属学家提出的，广泛用于钢的热处理理论基础，但在氧化锆陶瓷中也发现了马氏体相变现象，并被用来作为陶瓷增韧的一种有效手段；又如材料制备方法中的溶胶-凝胶法，是利用金属有机化合物的分解而得到纳米级高纯氧化物粒子，成为改进陶瓷性能的有效途径。虽然不同类型的材料各有其专用测试设备与生产装置，但各类材料的研究检测设备与生产手段也有颇多共同之处。例如显微镜、电子显微镜、表面测试及物性与力学性能测试设备等。因此在材料生产、研究过程中存在的诸多相通之处，推动了材料的进一步发展。相反，如果金属、高分子、无机非金属材料仍然各成体系，不利于发展创新，对复合材料的发展尤其不利。因此材料科学是基于材料发展的需求及材料的共性而形成的，但是由于各类材料的学科基础不同，仍然存在不小的分歧，特别是无机材料与有机材料之间分歧较大。

材料科学所包括的内容往往被理解为研究材料的组织、结构与性能的关系，探索自然规律，属于基础研究。实际上，材料是面向工程、为经济建设服务的一门应用科学，研究与发展材料的目的在于应用，而材料必须经过合理的工艺流程才能制备出具有实用价值的材料，通过批量生产才能成为工程材料。所以在"材料科学"这个名词出现不久，就提出了"材料科学与工程"。工程是指研究材料在制备过程中的工艺和工程技术问题。因而材料科学与工程研究的是材料组成、结构、生产过程、材料性质与使用性能以及他们之间的相互关系。

组成与结构、合成与加工、性质与现象、使用性能称为材料科学与工程的四个基本要素。四个基本要素之间的关系如图1-1所示。其中"组成与结构"决定影响材料性质和使用性能的原子类型和排列方式，而"合成与加工"实现特定的原子排列，并赋予材料声、光、电、磁、热、力等方面的"性能与现象"，使材料具有"使用性能"。每当一种材料被创造、发现和生产出来时，该材料所表现出来的性质和现象是人们关心的中心问题，而材料的性质和现象取决于成分和各种尺度上的结构，材料的结构又是合成和加工的结果，最终得到的材料制品必须能够、并且以经济和社会可以接受的方式完成某一指定的任务，因而，无论哪种材料都包括了这四个要素。也正是在这四个要素的基础上，各种材料相互借鉴、补充并渗透。所以抓住四要素就抓住了材料科学与工程研究的本质。

总之，材料科学是一个物理学、化学、冶金学、金属学、陶瓷、高分子化学、计算机科学等学科相互融合与交叉的结果，同时也是一种与实际应用结合密切的科学，而且是一个正在发展中的科学，必将随各有关学科的发展而得到充实和完善。

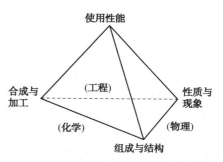

图 1-1　材料科学与工程四要素的关系

# 1.2　材料科学技术的发展趋势

先进材料的研究、开发与应用反映了一个国家科学技术与工业的发展水平，而材料科学的进步将会推动工业技术及人类文明的革命性变化。从电子技术的发展可以看出材料所起的作用。1906 年发明了电子管，出现了无线电技术、电视机、电子计算机；1948 年发明了半导体晶体管，赋予了电子设备小型、轻量、节能、低成本、高可靠性及长寿命等特点；1958年出现了集成电路，使计算机及各种电工设备发生了再一次的飞跃；在 1958—1998 年的 40年间，随着晶片制作技术及单晶硅质量的提高，器件集成度不断提高，尺寸降低了 100 万倍。同时伴随着光纤通讯技术、信息网络的发展，计算机等智能设备迅速进入工业、生活等各个领域，甚至彻底改变了人类的生产及生活方式。

21 世纪，以微型计算机、多媒体和网络技术为代表的通信产业；以基因工程、克隆技术为代表的生物技术；以核能、风能、太阳能、潮汐能等为代表的新能源技术；以探索太空为代表的宇航技术以及为人类持续发展所需的环境工程等，都对材料开发提出了更新的要求，复合化、功能化、智能化、低维化将成为材料开发的目标。主要体现在以下几个方面。

（1）材料制备工艺与技术的开发

任何一种新材料从开发到应用，必须经过适宜的制备工艺才能使之成为工程材料。如高温超导技术自 1986 年发现以来，仍然处于刚刚起步的阶段，主要是因为没有找到廉价而稳定的生产线材的工艺。传统材料也需要不断改进生产工艺或流程，以提高产品质量、降低成本和减少污染，从而提高竞争力。

材料制备工艺的发展重点是实现工艺流程的智能化、实现原子或分子加工，使材料或器件依照人们的意志达到微型化、多功能化和智能化。失重环境、强磁场、强冲击波、超高压、超高真空以及强制快冷等都可能成为改进材料性能的有效手段。

（2）材料的应用研究与开发

材料的广泛应用是材料科学技术发展的主要动力，实验研究出来的具有优异性能的材料不等于具有使用价值，必须通过大量应用研究才能发挥其应有的作用。材料的应用必须考虑材料的使用性能、使用寿命、可靠性、生产及使用过程中的环境适应性、价格等因素。关键结构用的关键材料，如航空航天及医用材料，一旦发生意外，则损失严重，必须采用高质量、高可靠性材料，同时要加强检验。而量大面广的材料，如建筑和包装材料，降低成本是主要的目标。再者材料的应用研究是失效分析的基础，而失效分析的准确性与时效性代表一个国家的科学技术水平，通过应用研究也可以发现材料中规律性的东西，进而指导材料的改进和发展。

（3）先进材料的开发

人类已经进入信息时代，为了实现装置的小型化、低功耗、多功能和智能化，信息功能材料将得到更高的重视。所谓信息功能材料，就是指信息产生、获取、存储、传输、转换、处理、显示所需要的材料。主要用于计算机、通讯和控制。以集成电路所需材料为例，随着集成电路的特征尺寸越来越小，硅晶片的尺寸越来越大，制作工艺越来越困难。2011 年来，硅晶体管已接近了原子等级，达到了其物理极限，由于这种物质的自然属性，加上发热及量子效应，硅晶体管的运行速度和性能难有突破性发展。因此，人们一直在努力寻找能够替代当前硅芯片的物质，碳纳米管就是主要的研究方向之一。

先进结构材料的研究与开发是永恒的主题。结构材料用量庞大，资源与能源消耗大，对可持续发展其决定性作用。提高结构材料的性能，延长使用寿命，可减少材料的用量。高比强度、高比刚度对提高力学性能十分重要；耐磨、耐蚀、抗疲劳、抗老化是延长使用寿命的关键，因此，在材料的发展中，必须给予高度重视。21 世纪上半叶，金属材料仍占主导地位；先进陶瓷材料需要进一步提高韧性、降低成本；有机材料以其再生资源的优势和优异性能，而且可实现分子设计而进一步得到发展；先进复合材料类型很多，有些已经得到广泛应用，如碳纤维增强树脂基复合材料；有的因价格高，制作难度大，需要进一步发展新工艺，如金属基复合材料；部分超高温材料，如碳/碳复合材料，必须解决抗氧化问题才能得到更大范围的应用。

能源材料的开发有广阔的前景。目前化石燃料储量有限，污染严重，必须大力开发无污染、可再生能源。太阳能虽然密度低、受气候影响，但辐射于地表的能量万倍于人类开发的能源。因此，开发光-电转换效率高，廉价寿命长的材料是当务之急。海水中的氘可谓取之不尽，用之不竭，有望成为人类的最终能源。据预测，通过可控核聚变发电在 21 世纪将实现商业化，其中抗辐射、耐高温、耐氢脆材料是关键之一。除开发新能源外节能也十分重要，如超导材料输电损耗低、触电效率高，具有十分诱人的前景。

有机高分子材料将有更大的发展。高分子聚合物不但是重要的结构材料，而且正在发展成为重要的功能材料，如作为半导体其电导率可与铜相比，还有种类繁多的高分子光学材料，另外高分子材料还可以具有铁磁性质，这些都将成为重要的研究领域。

随着生物技术的发展及人类寿命的延长与生活质量的提高，生物医用材料成为人们关注的领域，人的器官更换、药物缓释及组织工程的发展都将逐步深入。生物模拟是另一正在兴起的学科，使材料的功能进一步提高，并达到自恢复、自修复或智能化。生物材料的更长远目标是使生物技术原理用于工业化生产，改变高温、高压、高能耗的生产方式。当然，这是一个很长的历史过程。

纳米材料及制备技术的研究与开发迫在眉睫。当物质到纳米尺度时，由于其尺寸效应、晶界效应和量子效应等，材料显示出独特的物理、化学性能，或其生物功能有明显改变。利用这一效应可大幅度提高结构材料的强度、韧性，使功能材料的应用更广泛。纳米科学技术仍处于基础研究阶段，特别是纳米电子学、纳米医学所需材料，尚处于探索阶段，但纳米技术用于结构材料的改性及用作某些功能材料已经显示出明显的优越性，有些已经进入产业化。

（4）科学仪器与检测装置的开发

科学技术的发展很大程度上依赖于新科学仪器的不断发明和性能的不断提高，工业产品质量的改进往往取决于检测装置精度的提高。以电子及光学仪器为例，1863 年开始将光学显微镜应用于材料的微观结构观察与表征。几十年后出现了电子显微镜、扫描电镜、高分辨电镜，其分辨率达 0.2nm，足以观察到原子。扫描透射电镜出现后，不仅可以观察原子，还可以分析微小区域的化学组成及结构。20 世纪 80 年代初出现的扫描隧道显微镜，可以在非真空条件下观察到原子，并用来进行原子加工。一种更为引人注意的显微技术称之为扫描探针显微镜，可以在不同结构中观察到单个原子或分子。原子力显微镜可以观察金属脆性或韧性断裂过程。红外原子力显微镜可以观察高分子聚合物的苯环。又如晶体结构分析仪器，1912 年发现 X 射线通过晶体产生衍射花样，随后推广到电子衍射与中子衍射。而后又出现了基于不同原理的多种仪器。无损检测装置不仅可以检查宏观缺陷，也可以监控裂纹的萌生与扩展。因此材料科学工作者不仅要利用先进设备研究开发新材料，同时也应致力于发明新的检验、测试装置。

总之，21 世纪高技术新材料的发展必将日新月异，材料科学的内涵也将日益丰富，其发展程度可能会出乎我们的预料。

# 1.3 材料类专业

根据教育部 2012 年印发的《普通高等学校本科专业目录》，材料类专业包括 8 个基本专业，6 个特设专业，如表 1-1 所示，除材料物理、材料化学专业可授工学或理学学士学位，其余各专业均授工学学士学位。

表 1-1 材料类专业设置

| 类 型 | 代 码 | | 名 称 |
|---|---|---|---|
| 基本专业 | 0804 | 01 | 材料科学与工程 |
| | | 02 | 材料物理 |
| | | 03 | 材料化学 |
| | | 04 | 冶金工程 |
| | | 05 | 金属材料工程 |
| | | 06 | 无机非金属材料工程 |
| | | 07 | 高分子材料与工程 |
| | | 08 | 复合材料与工程 |
| 特设专业 | 0804 | 09T | 粉体材料科学与工程 |
| | | 10T | 宝石及材料工艺学 |
| | | 11T | 焊接技术与工程 |
| | | 12T | 功能材料 |
| | | 13T | 纳米材料与技术 |
| | | 14T | 新能源材料与器件 |

（1）材料科学与工程专业

材料科学与工程专业培养具备金属材料、无机非金属材料、高分子材料等材料领域的科学与工程方面的基础知识，能在各种材料的制备、加工成型、材料结构与性能等领域从事科学研究与教学、技术开发、工艺和设备设计、技术改造及经营管理等工作的高级专门人才。

学生主要学习材料科学与工程的基础理论，学习并掌握材料的制备、组成、组织结构与性能之间关系的基本规律。接受金属材料、无机非金属材料、高分子材料、复合材料以及各种先进材料的制备、性能分析与检测技能的基本训练。具备材料设计和制备工艺设计、开发研究新材料和新工艺方面的基本能力。

本专业主要课程包括物理化学、量子与统计力学、固体物理、材料学导论、材料科学基础、材料物理、材料化学、材料力学、现代材料测试方法、材料工艺与设备、钢的热处理等。

（2）材料物理专业

材料物理专业培养掌握材料科学的基本理论与技术，具备材料物理相关的基本知识和基本技能，能在材料科学与工程及与其相关的领域从事研究、教学、科技开发及相关管理工作的高级专门人才。本专业学生主要学习材料科学方面的基本理论、基本知识和基本技能，接受科学思维与科学实验方面的基本训练，掌握运用物理学和材料物理的基础理论、基本知识和实验技能进行材料研究和技术开发的基本能力。

学生主要学习工程力学、电工电子学、物理化学、金属工艺学、材料科学基础、工程材料学、材料力学性能、材料现代分析方法、材料物理学、材料理化分析、无损检测、固体物理等。

（3）材料化学专业

本专业培养掌握材料化学的基本理论与技术，具备材料化学相关的基本知识和基本技能，能运用化学和材料科学的基础理论、基本知识和实验技能，在材料科学与化学及其相关的领域从事研究、教学、科技开发及相关管理工作的高级专门人才。本专业学生主要学习化学和材料科学方面的基本理论、基本知识和基本技能，接受科学思维与科学实验方面的基本训练，并能够熟练运用，了解材料化学理论和应用的最新发展动态，具有运用化学和材料学的基础理论、基本知识和基本技能独立进行研究、教学、生产和开发的基本能力。

本专业主要课程包括材料科学基础、结晶化学、高分子化学、高分子物理、现代材料分析技术、材料研究与测试方法、材料性能学、材料化学、材料工艺学等。

（4）冶金工程专业

冶金工程专业培养具备冶金物理化学、钢铁冶金和有色金属冶金等方面的知识，能在冶金领域从事生产、设计、科研和管理工作的高级专门人才。冶金工程专业学生主要学习黑色和有色金属冶金的基本理论、生产工艺和设备、实验研究、设计方法、环境保护及资源综合利用的基本理论和基本知识，接受冶炼工艺制定、工程设计、测试技能和科学研究的基本训练，具有开发新技术、新工艺和新材料及工业设计和生产组织、管理的能力。

本专业主要课程包括冶金原理、冶金传输原理、金属学、金属材料及热处理、金属材料性能、冶金与材料物理化学、钢铁冶金学、有色金属冶金学、材料分析方法、材料分析测试技术、金属电化学腐蚀与防护、金属材料成型加工等。

（5）金属材料工程专业

金属材料工程专业培养具备金属材料科学与工程方面的知识，能在冶金、材料结构研究与分析、金属材料及复合材料制备、金属材料成型等领域从事科学研究、技术开发、工艺和设备设计、生产及经营管理等方面工作的高级专门人才。本专业学生主要学习材料科学的基础理论，掌握金属材料及其复合材料的成分、组织结构、生产工艺、环境与性能之间关系的基本规律。能够通过综合合金设计和工艺设计，提高材料的性能、质量和寿命。

本专业主要课程包括材料科学基础、材料热力学、材料力学性能、金属工艺学、金属热处理原理及工艺、材料的断裂与控制、材料现代分析方法等。

（6）无机非金属材料工程专业

本专业培养具备无机非金属材料及其复合材料科学与工程方面的知识，能在无机非金属材料结构与分析、材料的制备、材料成型与加工等领域从事科学研究、技术开发、工艺和设备设计，生产及经营管理等方面的高级专门人才。本专业学生主要学习无机非金属材料及复合材料的生产过程、工艺及设备的基础理论、组成、结构、性能及生产条件间的关系，具有材料测试、生产过程设计、材料改性及研究开发新产品、新技术和设备及技术管理的能力。

本专业主要课程包括物理化学、无机材料科学基础、热工基础、热工设备、粉体工程、无机材料性能、无机非金属材料测试及研究方法、无机材料工艺学、水泥工艺设计、陶瓷工艺设计、陶瓷基复合材料等。

（7）高分子材料与工程专业

本专业培养具备高分子材料与工程等方面的知识，能在高分子材料的合成改性和加工成型等领域从事科学研究、技术开发、工艺和设备设计、生产及经营管理等方面工作的高级专门人才。本专业学生主要学习高聚物化学与物理的基本理论和高分子材料的组成、结构与性能、高分子成型加工技术知识。

本专业主要课程包括化工原理、无机化学、有机化学、分析化学、物理化学、高分子化学、高分子物理、聚合物流变学、聚合物成型工艺、聚合物加工原理、精细高分子化工应用、高分子材料研究方法等。

（8）复合材料与工程专业

复合材料与工程专业涉及材料学、化学、物理学等多门学科，是一门极具发展潜力的多学科交叉新型专业。本专业培养掌握新型复合材料生产原理和生产工艺、能胜任无机材料、高分子材料、新型复合材料等生产企业基层管理工作和实际岗位操作，具有较高综合素质的高级专门人才。本专业学生主要学习材料科学工程、复合材料与工程、复合材料制品成型工艺及设备、复合材料结构设计等方面的基本理论及技能。

本专业主要课程包括材料复合原理、复合材料学、复合材料工艺设备、复合材料工厂设计概论、材料学概论、复合材料的实验技术、高分子化学及物理、高分子物理、热工基础及设备、复合材料工艺学、复合材料聚合物基础、有机化学、物理化学、无机化学等。

（9）粉体材料科学与工程专业

本专业培养掌握粉体材料科学与工程的基础理论、基本实验技能和研究方法，能在粉体材料加工制备、粉末冶金、陶瓷材料等领域从事科学研究、技术与产品开发、生产工艺设计、质量控制和生产经营管理等工作的高级专门人才。

本专业主要课程包括物理冶金基础、粉体工程、粉体固结原理与技术、纳米材料学、粉末冶金学等。

（10）宝石及材料工艺学专业

宝石及材料工艺学专业培养具备宝石及材料工艺学专业的科学理论、基本知识和实践技能，能在宝石及材料工艺学专业领域和部门从事教学、鉴定、质量评价、分级、定价、款式设计、首饰加工、改善、宝石合成及优化、贸易、市场营销和资产评估等方面工作的高级专门人才。

本专业主要课程包括地质学基础、结晶学与矿物学、晶体光学、宝石学、美术基础、美术设计原理、宝石仪器及宝石鉴定、首饰设计及效果图、首饰制作工艺学、宝石切磨加工工艺学等。

（11）焊接技术与工程专业

焊接技术与工程专业是一门集材料学、工程力学、自动控制技术为一体的交叉性学科，本专业培养掌握金属材料的成分及组织、焊接工艺等因素与焊接结构性能之间关系的规律，具备金属焊接相关的基础专业知识和专业技能，能在焊接工艺制定与评定、焊接材料开发、焊接设备开发与控制、焊接结构的断裂与控制等领域从事科学研究、技术开发、生产制造及经营管理等方面工作，具备解决复杂工程问题的能力的高级专门人才。

本专业主要课程包括工程力学、电工电子学、微机原理及接口技术、物理化学、金属工艺学、材料科学基础、材料的力学性能、材料现代分析方法、金属学及热处理、焊接原理、弧焊电源、熔焊方法及设备、焊接结构、金属材料焊接性等。

（12）功能材料专业

生物功能材料专业是根据社会发展的需要，特别是生物医学工程、组织工程和药物释放等交叉学科技术的迅速发展对专业人才的迫切需求而设立的新专业。本专业培养具有材料科学与工程、生物学和医学等领域的相关知识，掌握生物材料的基础和专业知识，能在生物材料的制备、改性、加工成型及应用等领域从事基础研究、应用研究和技术开发等的综合型高级专门人才。

本专业主要课程包括生物化学、分子生物学、生物医学工程、高分子化学、高分子物理、生物医学材料学、生物材料制备与加工、生物医用高分子改性、组织工程学、控制释放理论与应用、生物可降解高分子、环境材料基础等。

（13）纳米材料与技术专业

本专业培养具有高分子材料与工程、生物学和医学等领域的相关知识，具有从事科学研究和解决工程中局部问题的高级专门人才。本专业主要学习环境纳米材料的绿色制备及其规模化、面向环境检测的纳米结构与器件的构筑原理、方法、纳米材料与纳米结构性能与机理研究、纳米材料在污染治理中的应用原理、技术与装置研发、纳米材料的环境效应与安全性评估、纳米材料在节能和清洁能源中的应用等。

本专业主要课程包括纳米材料的基本物理效应、纳米材料的表征技术、纳米粉体材料的制备与表面修饰、一维纳米材料的制备、纳米复合材料的制备、纳米结构材料的制备、纳米材料的物理特性与应用、纳米电子器件的基本原理和微加工技术、纳米材料与纳米技术的进展及发展趋势等。

（14）新能源材料与器件专业

本专业培养具备材料、物理、化学、电子、机械等学科基础，掌握新能源材料、新能源器件设计与制造工艺、测试技术与质量评价、新能源系统与工程等方面的专业基本理论与基本技能的高级专门人才。

本专业主要课程包括固体物理、半导体物理与器件、应用电化学、薄膜物理与技术、无机材料物理化学、材料物理性能、材料研究方法与现代测试技术、新能源材料设计与制备、新能源转换与控制技术、储能材料与技术、半导体硅材料基础、硅材料检测技术、化学电源设计、化学电源工艺学、半导体照明原理与技术、薄膜技术与材料、太阳能电池原理与工艺太阳能发电技术与系统设计、应用光伏学、电池组件生产工艺、光伏逆变器原理与应用等。

# 2 材料的结构及性能

人们在制作不同制品时，会采用具有不同性能、不同特征的材料，而材料内部的原子结构、微观组织是决定其宏观特性的根本原因。了解并掌握材料的微观结构与其宏观性能之间的特定关系，是有目的使用材料的前提。本章简要介绍材料分类方法、常用的工程材料、成分与组织结构的含义、材料的基本性能等。

## 2.1 材料的分类及常用工程材料

材料是人类用来制造生产、生活中使用的机器、构件、器件和其他产品的物质。而工程材料特指用于机械、车辆、船舶、建筑、化工、能源、仪器仪表、航空航天等工程领域的材料，主要用来制造工程构件、机械零件、加工及测量工具等。

### 2.1.1 材料分类方法

目前世界各国注册的材料有几十万种，并且随着科学技术的进步仍然在不断增加之中。鉴于材料的存在状态、材料来源、物理化学性能、使用性能、应用领域及其在材料发展过程中的阶段不同，材料被分成了不同的类别。

（1）按材料的存在状态分类

材料以气态、液态和固态三种状态存在，一般工程中使用的多为固态材料。固态材料根据结晶状态又可分为单晶材料、多晶材料、准晶材料和非晶材料，其材料内部的原子结构排列有序程度依次降低。

（2）按材料的来源分类

材料的来源包括天然形成和人工制造。天然材料指天然的未经加工的材料。人类历史上曾经使用过的天然材料，如石头（石料）、木材、骨头、兽皮、棉、麻、石油、天然气等，目前还在大量使用的天然材料只有石料、木材、橡胶等，而且用量正逐渐减少，许多天然材料正在日益被人造材料所代替。人造材料是指人类以天然物质为原料通过物理、化工方法加工制造的材料，目前所使用的材料大多数为人造材料，如钢铁材料、有色合金材料、陶瓷材料、合成纤维、复合材料等。

（3）按材料的物理化学属性分类

按材料组成和结合键的性能将材料分为四大类，即金属材料、无机非金属材料、高分子材料和复合材料。由于原子间的相互作用不同，金属材料、无机非金属材料、高分子材料的各种性能差异极大，构成了现代工业的三大材料体系。复合材料是由上述三类材料相互复合而成的，对不同材料取长补短，在性能方面比单一材料优越，具有广泛的应用前景。

（4）按材料使用性能分类

材料可分为结构材料和功能材料两类。结构材料以力学性能为基础，主要用来制造受力构件。但是，结构材料对物理或化学性能也有一定要求，如光泽、热导率、抗辐照、耐腐蚀、抗氧化等。功能材料指具有优良的电学、磁学、光学、热学、声学、化学、生物医学功能，以及特殊的物理、化学、生物学效应，能完成功能相互转化，主要用来制造各种功能元器件，被广泛应用于各类高科技领域的高新技术材料，如电功能材料、磁功能材料、热功能料、机械功能材料、核功能材料等。功能材料是新材料领域的核心，它涉及信息技术、生物工程技术、能源技术、纳米技术、环保技术、空间技术、计算机技术、海洋工程技术等现代高新技术及其产业。功能材料不仅对高新技术的发展起着重要的推动和支撑作用，还对我国相关传统产业的改造和升级，实现跨越式发展起着重要的促进作用。

（5）按应用领域分类

按材料的应用领域可将材料分为航空航天材料、建筑材料、信息材料、电子材料、包装材料、医用材料、机械材料、仪表材料和能源材料等。目前常把能源开发、转换、运输、存储所需材料称为能源材料，而把信息接收、处理、存储和传播所需的材料统称为信息材料。

（6）按材料的发展过程分类

传统材料和新型材料（又称新材料或先进材料）处在材料发展的不同阶段。传统材料指制造工艺成熟且已长期、广泛应用的材料，如钢铁、水泥、塑料等，其特征是需求量大、生产规模大；而新材料建立在新思路、新概念、新工艺、新技术基础之上，以性能优异、品质高、稳定性高为优势，其显著特征是投资较高、更新换代快、风险大、知识和技术密集程度高、不以规模取胜。

### 2.1.2 常用工程材料

为了规范工程材料的成分及性能，国家建立各种标准体系规定了工程材料的命名、成分及性能等方面的内容，并随着技术发展持续更新。如 GB/T 221—2008《钢铁产品牌号表示方法》，规定了钢材的命名规则；GB/T 1591—2008《低合金高强度结构钢》，规定了低合金高强度结构钢的牌号、尺寸、外形、质量及允许偏差、技术要求、试验方法、检验规则、包装、标志和质量证明书。牌号是给每一种具体的材料所取的名称。牌号不仅反映出化学成分，而且根据牌号还可以大致判断其质量，从而为生产、使用和管理等工作带来很大方便。如牌号"Q345D"表示屈服强度不低于 345MPa、D 级表示经过特殊镇静处理的、低合金高强度结构钢。

常用的工程材料包括金属材料、无机非金属材料、高分子材料和复合材料。常用金属材料包括铸铁及钢、铝及铝合金、铜及铜合金、钛及钛合金及镍及镍合金；常用无机非金属材料包括陶瓷材料、玻璃材料、耐火材料、水泥等；常用高分子材料包括橡胶、纤维、塑料、高分子胶粘剂、高分子涂料等；复合材料包括金属基复合材料、无机非金属基及聚合物基复合材料。

（1）常用钢铁材料

灰口铸铁执行 GB/T 9439—2010，HT100、HT200、HT300 为常用灰口铸铁材料，主要用于制造机床床身、导轨等结构。球墨铸铁执行 GB/T 1348—2009，QT400-17 主要用于制造壳体、阀体等结构；QT500-7 主要用于内燃机油泵齿轮、阀体；QT800-2 主要用于制造曲轴、缸套等。

碳素结构钢执行 GB/T 700—2006，常用于一般焊接、铆接、栓接工程结构，包括 Q195、Q215、Q255、Q275。优质碳素结构钢执行 GB/T 699—2015，主要用于制造一般结构及机械结构零、部件以及建筑结构件和输送流体用管道，08 号、10 号、15 号、20 号钢为典型优质碳素结构钢，40 号、45 号钢也是优质碳素钢，常用于制造机器的齿轮、轴等零件；65 号、70 号、85 号、65Mn 为优质碳素弹簧钢。

低合金高强钢执行 GB/T 1591—2008，用于一般工程结构，Q345、Q390、Q420、Q460

为典型的低合金高强钢。特殊结构用钢有相应的特殊规定，如管道用钢执行 GB/T 14164—2013，L360、L415、L485 为常用的低强度长输管线用钢。锅炉压力容器用钢执行 GB/T 713—2014，Q245R 为锅炉压力容器用碳素钢，Q345R、Q370R、Q420R 为锅炉压力容器用低合金高强钢，15CrMoR、12Cr2MoVR 为锅炉压力容器用耐热钢。保证淬透性用钢执行 GB/T 5216—2004，用于制造承受较大载荷的机械结构，典型材料包括 45H、40CrH、42CrMoH 等。

不锈钢及耐热钢为高合金钢，执行 GB/T 20878—2007，可用于制造耐腐蚀、耐高温等环境下的结构，常用材料包括 1Cr18Ni9、1Cr17、1Cr13、0Cr17Ni7A 等。

（2）常用有色金属

一般工业用铝及铝合金执行 GB/T 3190—2008，1080、1085 常用于制造导线、接线片，5A05 用于制造化工容器及管道，5A05、2A06 用于制造飞机蒙皮及骨架，2A02 用于制造涡轮喷气发动机轴向压气机叶片，2A80 用于制造内燃机活塞等高温工作零件。铸造铝合金执行 GB/T 1173—2013，ZL108 可用于制造柴油机活塞。

压力加工铜及铜合金执行 GB/T 5231—2012，纯铜 T1、T3 用于制造导线和导电零件，QAl9-2、QSn6.5-0.1 等用于制造仪器仪表的齿轮，QSn-4-4-2.5 可用于制造小型蜗轮及蜗杆。铸造铜及铜合金执行 GB/T 1176—2013，ZCuAl9Fe4Ni4Mn2 等材料可用于铸造船用螺旋桨。

钛及钛合金执行 GB/T 3620—2007，TA1、TA2、TA3 为工业纯钛，用于制造 350℃ 以下强度较低的结构，如飞机骨架、发动机活塞连杆及耐腐蚀的容器、阀门及管系；TC4 用于制造 400℃ 以下高强度的焊接构件、锻件及铸件，如舰艇耐压壳体、船舱骨架；TC9 用于制造 500℃ 以下高强度的构件，如涡轮增压器叶片。

（3）常用陶瓷、玻璃及耐火材料

普通陶瓷一般为硅酸盐陶瓷，除用于制作日用陶瓷、瓷器外，大量用于电器、化工、建筑、纺织等工业。氧化铝陶瓷可使用到 1950℃，可用于制作高温喷嘴。热压烧结氮化硅陶瓷用于形状简单、精度要求不高的零件，如切削刀具、高温轴承等；反应烧结氮化硅用于形状复杂、尺寸精度要求高的零件，如机械密封环等。碳化硅陶瓷用于制造火箭喷嘴、浇注金属的喉管、热电偶套管、炉管、燃气轮机叶片及轴承、泵的密封圈、拉丝成型模具等。氧化锆陶瓷用于制造成为绝热柴油机的主要材料，如发动机汽缸内衬、推杆、活塞帽、阀座、凸轮、轴承等。立方氮化硼陶瓷耐磨性优良，用于制作磨削刀具。

玻璃通常按主要成分分为氧化物玻璃和非氧化物玻璃。非氧化物玻璃主要有硫系玻璃和卤化物玻璃。硫系玻璃可截止短波长光线而通过黄、红光，电阻低，具有开关与记忆特性。卤化物玻璃的折射率低、色散低，多用作光学玻璃；硅酸盐玻璃、硼酸盐玻璃、磷酸盐玻璃均为氧化物玻璃；石英玻璃、高硅氧玻璃多用于半导体、电光源、光导通信、激光等技术和光学仪器中；钠钙玻璃可生产玻璃瓶罐、平板玻璃、器皿、灯泡等；铅硅酸盐玻璃可用于制造灯泡、真空管芯柱、晶质玻璃器皿、火石光学玻璃等；铝硅酸盐玻璃软化变形温度高，用于制作放电灯泡、高温玻璃温度计、化学燃烧管和玻璃纤维等；硼硅酸盐玻璃用以制造烹饪器具、实验室仪器、金属焊封玻璃等；磷酸盐玻璃折射率低、色散低，用于光学仪器中。

物理化学性质允许其在高温环境下使用的材料称为耐火材料。酸性耐火材料以氧化硅为主要成分，常用的有硅砖和黏土砖。硅砖主要用于焦炉、玻璃熔窑、酸性炼钢炉等热工设备。黏土砖抗热振性好，对酸性炉渣有抗蚀性，应用广泛。中性耐火材料以氧化铝、氧化铬或碳为主要成分。含氧化铝95%以上的刚玉制品是一种用途较广的优质耐火材料。以氧化铬为主要成分的铬砖对钢渣的耐蚀性好，但抗热震性较差，高温荷重变形温度较低。碳质耐火材料有碳砖、石墨制品和碳化硅制品，其热膨胀系数很低，导热性高，耐热震性能好，高温强度高，抗酸碱和盐的侵蚀，广泛用作高温炉衬材料，也用作石油、化工的高压釜内衬。碱性耐火材料以氧化镁、氧化钙为主要成分，常用的是镁砖，主要用于平炉、吹氧转炉、电炉、有色金属冶炼设备以及一些高温设备上。

(4) 常用高分子材料

高分子材料也称为聚合物材料，是以高分子化合物为基体，再配有其他添加剂(助剂)所构成的材料，主要包括橡胶、塑料等。橡胶是一种在外力作用下能产生变形，外力取消后又可复原的高弹性材料，是主要的密封、减震结构材料。天然橡胶硫化后弹性高、机械强度大，耐弯曲、撕裂、冲击，抗透气性好，变形生热低，耐某些极性溶剂，对碱和稀酸也有较好的耐蚀性，可用作减震制品和轮胎制品。然而天然橡胶耐油性很差，不耐非极性溶剂及浓的强酸的作用，且天然橡胶在氧和臭氧作用下易老化，故很少用天然橡胶作密封件。通用型合成橡胶主要有异戊橡胶、丁苯橡胶、顺丁橡胶、氯丁橡胶，具有良好的综合性能，耐油、耐燃、耐氧化和耐臭氧，常用做常规环境下的密封材料。特种型橡胶包括丁腈橡胶、硅橡胶、氟橡胶、聚硫橡胶、聚氨酯橡胶、氯醇橡胶、丙烯酸酯橡胶等。其中丁腈橡胶耐油、耐老化性能好，可在120℃的空气中或在150℃的油中长期使用；硅橡胶具有良好的耐高低温、耐臭氧及电绝缘性；氟橡胶耐高温、耐油、耐化学腐蚀；聚硫橡胶有优异的耐油和耐溶剂性。

通用塑料包括聚乙烯(PE)、聚苯乙烯(PS)、聚氯乙烯(PVC)、聚丙烯(PP)，另外还有透光性好的聚甲基丙烯酸甲酯(有机玻璃，PMMA)、耐腐蚀塑料聚四氟乙烯(PTFE)。PE主要用于包装用薄膜、农用薄膜、管材、注射用品等。PVC成本低，具有自阻燃的特性，常用于制造下水道管材、塑钢门窗、板材、人造皮革等。PS用于汽车灯罩、日用透明件、透明杯、罐等。工程塑料包括聚酰胺(尼龙，PA)、聚甲醛(POM)、聚碳酸酯(PC)、聚砜(PSF)等，力学性能、耐久性、耐腐蚀性、耐热性等能达到更高的要求，且加工方便，并可部分替代金属材料，广泛应用于电子电气、汽车、建筑、办公设备、机械、航空航天等行业。特种塑料指具有特种功能，可用于航空、航天等特殊应用领域的塑料，包括泡沫塑料的增强塑料、泡沫塑料。如氟塑料和有机硅具有突出的耐高温、自润滑等特殊功用，增强塑料和泡沫塑料具有高强度、高缓冲性等特殊性能，这些塑料都属于特种塑料的范畴。

(5) 常用复合材料

复合材料是指由两种或两种以上不同物质以不同方式组合而成的材料，它可以发挥各种材料的优点，克服单一材料的缺陷，扩大材料的应用范围。复合材料由连续相的基体和被基体包容的相增强体组成。基体材料分为金属和非金属两大类。金属基体常用的有铝、镁、铜、钛及其合金。非金属基体主要有合成树脂、石墨、橡胶、陶瓷、碳等。增强材料主要有玻璃纤维、碳纤维、硼纤维、芳纶纤维、石棉纤维、碳化硅纤维、晶须、金属丝和硬质细粒等。

## 2.2　材料的基本性能

要正确地选择和使用材料必须首先了解材料的性能。材料的性能包括工艺性能和使用性能。工艺性能指制造工艺过程中材料适应加工的性能，如铸造性能、锻造性能、焊接性能、切削加工性能和热处理性能等。使用性能指材料制成零件或产品后，在使用过程中能适应或抵抗外界对它的力、化学、电磁、温度等作用而必须具有的能力，是研究材料的出发点和目标。如结构材料的使用性能主要由强度、硬度、弹性模量、伸长率等力学性能指标衡量，而功能材料的使用性能主要由相关的物理学参量衡量。

### 2.2.1 工程材料的物理性能

随着机与电在产品中的结合越来越紧密，材料的物理性能也越来越受到重视。材料的物理性能主要是电性能、磁性能、光性能、热性能等。这些性能多数取决于材料的原子结构、原子排列和晶体结构。

（1）热性能

热性能包括热容、热导率和热膨胀系数，都受原子振动的影响，其中热导率还受电子传递能量的影响。

材料热容定义为温度每升高 1K 所需的能量，记作 $C$，单位 J/K；比热容记作 $c$，是指单位质量物质的热容。高分子材料具有较大的热容和比热容，如聚乙烯为 2100J/（kg·K）；陶瓷材料次之，如 MgO 为 940J/（kg·K）；金属材料较低，如钢铁材料为 450~500J/（kg·K）。材料的热容首先对其使用有重要指导意义，如蓄热材料要求其热容大，可有效地储存热能，这对大规模利用各种余热和太阳能有重要价值；而散热材料则要有较小的热容。另外材料的熔炼和焊接等工艺也受其热容大小的影响，如金属材料中的铝比热容最大［900J/（kg·K）］，故熔化焊时要求热输入大的热源。

热能由高温区向低温区传输的能力即称为材料的导热性。表征材料导热性能的指标为热导率（$\lambda$），单位为 W/（m·K）。一般而言，金属材料是良好的热导体，$\lambda$ 为 20~400W/（m·K）；而陶瓷材料的 $\lambda$ 为 2~50W/（m·K），高分子材料 $\lambda$ 约为 0.3W/（m·K），甚至更低，均为热的不良导体。从设计与选材的角度看，要求良好导热性的结构应采用金属材料；要求保温或隔热功能的结构则应选用陶瓷材料或高分子材料（如冰箱、冰库等）。材料的导热性对其冷、热加工性能也有不可忽视的影响，如材料在热加工的变温过程中会因导热性不良而引起变形或开裂现象，这对热膨胀系数大的材料更为严重。

因温度变化而引起材料体积膨胀或收缩的现象称之为热胀冷缩，绝大多数固体材料都有此特性。表征材料热膨胀性的指标有线胀系数 $\alpha_l$ 和体胀系数 $\alpha_v$，对各向同性材料 $\alpha_v = 3\alpha_l$。原子间结合力越大，则膨胀系数就越小。工程上陶瓷材料、金属材料和高分子材料，典型线胀系数 $\alpha_l$ 范围大致分别为 $(0.5~15)\times10^{-6}K^{-1}$、$(5~40)\times10^{-6}K^{-1}$ 和 $(50~300)\times10^{-6}K^{-1}$。热膨胀性在工程设计、选材和加工等方面的应用很广。精密仪器及形状尺寸精度要求较高的其他零件，应选用膨胀系数小的材料制造；而用于制造热双金属片的两种材料，膨胀系数差值应较大。材料在使用或加工过程中因温度的变化所产生的不均匀热胀冷缩，将造成很大的热应力，可能导致零件发生变形或开裂，导热不良的材料更严重。不同材料的零件配合在一起时也应注意其膨胀系数的差异。

熔点 $T_m$ 反映了材料由固态变为液态的特征温度，材料的熔点与其结合键类型及强弱有关。一般来说，晶体材料具有确定的熔点，如金属材料、陶瓷晶体材料，而非晶体材料没有固定熔点，如高分子材料、玻璃等。材料的熔点对其零件的耐热、耐温性能具有重要的应用意义，如高分子材料一般不能用于耐热构件，陶瓷材料的熔点较高，常用做耐高温材料或耐热涂层使用。熔点还影响了材料的熔炼、铸造和焊接工艺。

（2）密度

单位体积的物质质量称为密度，记作 $\rho$，单位 $g/cm^3$ 或 $t/cm^3$。一般而言，金属材料具有较高的密度，如钢铁密度 $7.8g/cm^3$，陶瓷材料次之，高分子材料最低。金属材料中，密度在 $4.5g/cm^3$ 之下的称为轻金属，其中铝（$2.7g/cm^3$）为典型代表。低密度材料对轻量化设计的零件有重要应用意义，如铝及其合金的比刚度、比强度高，故广泛用于航天航空、运输机械等结构中。高分子材料的密度虽小，但比刚度、比强度却最低，故应用受到限制。而复合材料因其可能达到的比刚度、比强度最高，故是一种最有前途的新型结构材料。

（3）光学性能

光学性能是材料受到波或能量粒子的辐射时所呈现出的反应特性。可见光是频率范围为 $(4.2\sim7.5)\times10^{14}Hz$ 的电磁波。电磁辐射波由电场分量和磁场分量组成。两个分量彼此互相垂直并都垂直于波的传播方向。光、热（辐射能）、雷达、无线电波和 X 射线都是各种形式的电磁波，它们之间的的差别是波长（或频率）范围不同。电磁波包括的波长范围很宽，从 $10^{-12}\sim10^5m$。按波长增加的次序，分为 $\gamma$ 射线、X 射线、紫外线、可见光、红外线和无线电波。当光波投射到物体上时，有一部分在它的表面上被反射，其余部分经折射进入到该物体中，其中有一部分被吸收变为热能，剩下的部分透过介质。由于外加电场，磁场和应力的作用，而使折射率变化的现象分别称为电光效应、磁光效应和光弹性。物质在吸收电能或光能后，通过电子跃迁再释放出光的现象称为荧光性，一般材料需要激活剂引发荧光性。

（4）磁性能

磁性能是指材料对磁场的响应特性，常用磁导率、磁化率、磁阻等参数描述。

磁导率是材料的本征参数，表示材料在单位磁场强度的外加磁场作用下，材料内部的磁通量密度，记作 $\mu$，单位为 $H/m$，$\mu_0$ 为真空条件下的磁导率，$\mu_r$ 为相对磁导率。

物质在磁场中，由于受磁场的作用都呈现出一定的磁性，这种现象称为磁化。磁化强度与磁场强度的比值为磁化率，即 $\chi=M/H$。根据物质被磁化后对磁场所产生的影响，可以把物质分为三类：使磁场减弱的物质称为抗磁性物质，如铜、金和银等；使磁场略有增强的物质称为顺磁性物质，如铝、镁、锂、钠和钾等；使磁场强烈增加的物质称为铁磁性物质，如铁、钴、镍等。

铁磁性材料具有一个临界温度 $T_c$，在这个温度以上，原子的热运动剧烈，原子磁矩的排列是混乱无序的；在此温度以下，原子磁矩排列整齐，产生自发磁化，该温度称为居里温度。低于居里温度时该物质为铁磁体，此时和材料有关的磁场很难改变。当温度高于居里温度时，该物质为顺磁体，磁体的磁场很容易随周围磁场的改变而改变。

磁畴是材料中磁偶极子一致排列的区域。当材料受磁场作用时，沿磁场方向排列的磁畴越来越大，当所有磁畴沿某一适当方向排列后，就达到饱和磁化强度。若此时磁场消失，磁畴不可能恢复到随机取向，结果许多磁畴仍保持接近原有磁场的方向，材料具有剩余磁化强度，即剩磁。材料在磁场中的行为依赖于磁滞回线的大小和形状，计算机存储用磁性材料应具有方形磁滞回线、低剩磁、低饱和强度和低矫顽力；永久硬磁材料则要求高剩磁、高磁导率、高矫顽力和大功率。

当铁磁材料的温度上升时，获得的热能使磁导率及磁化强度下降并促使磁畴随机排列，因此，磁化强度、剩磁和矫顽力均随温度升高而下降。如果温度超过临界的居里温度，铁磁性就不再存在。

（5）电性能

材料的电性能是指材料在外加电压或电场作用下的行为及其所表现出来的各种物理现象。材料按电学性质可分为超导体、导体、半导体和绝缘体。就金属材料而言，导电性是其重要的物理性能之一。一方面，由于金属材料的导电性在工业和科学技术发展中所具有的重要作用，因而出现了导电材料、电阻材料、电热材料及热电偶材料等；另一方面，导电性又是一个组织敏感量，因此金属材料的电阻测量在材料科学的理论研究和生产检验方面得到了广泛的应用。除了导电性外，材料的电性质还有介电性、超导性、热电性、铁电性及压电性等。

① 导电性能　导电性是指材料传导电流的能力。导电性大小的量度通常用电导率 $\sigma$ 来表示，电导率为电阻率的倒数，即 $1/\rho$，单位为 S/m。电导率愈大，则导电性愈好。电导率除主要取决于材料结构之外，如原子结构、点缺陷等，还与材料加工工艺和环境因素有关，如温度等。若材料的电导率为无限大，即材料的电阻为零，则电流在材料中可以无限制地传导，这种现象称为超导性。冷却到绝对零度的完整晶体具有超导性，可惜获得这种条件目前尚不切实际。但是，某些材料即使含有缺陷，在高于 0K 的某一个临界温度 $T_c$ 仍能显示出超导性。进一步提高这一临界温度或寻找出能使超导零件在该临界温度下工作的低温环境，是超导材料研究的主要领域之一。

② 介电性能　电介质或介电体在电场作用下，虽然没有电荷（或电流）的传输，但材料仍对电场表现出某些响应特性，可用材料的介电性能来描述。介电体的价带与导带电子间存在很大的能级差，所以它们具有很高的电阻率（极小电导率）。介电体的两项重要应用是电绝缘体和电容器；介电体的其他特性有电致伸缩、压电效应和铁电效应。

当电场作用于材料时，会在原子或分子内部诱发偶极子（具有不平衡电荷的原子或分子），并使它们沿电场的方向排列。此外，材料中原有的永久偶极子也沿电场方向排列。此时，材料就被极化了。发生极化的难易程度决定了介电体的特性。

介电常数 $K$ 为材料的电容率与真空电容率的比值，即 $K = \varepsilon/\varepsilon_0$，表示材料极化和储存电荷的相对能力。介电常数与材料成分、温度、电场频率和极化强度有关。介电强度为极板间介电体可保持不被击穿的最大电场强度，它决定了电容 $C$ 和电荷量 $Q$ 的上限。电容器的电荷储存在两个导体间的介电材料中，通常要求这些材料具有高介电强度和介电常数，以获得电容量高而且尺寸小的电容器。电绝缘体也必须是介电体，必须具有高电阻率、高的介电强度、低的损耗系数和较小的介电常数。

③ 压电性　某些电介质在沿一定方向上受到外力的作用而变形时，其内部会产生极化现象，同时在它的两个相对表面上出现正负相反的电荷。当外力去掉后，它又会恢复到不带电的状态，这种现象称为正压电效应。当作用力的方向改变时，电荷的极性也随之改变。相反，当在电介质的极化方向上施加电场时，这些电介质也会发生变形，电场去掉后，电介质的变形随之消失，这种现象称为逆压电效应，或称为电致伸缩现象。以上两种效应统称为压电效应。材料的压电性取决于晶体结构是否对称，晶体必须有极轴（不对称或无对称中心），才有压电性。同时，材料必须是绝缘体。压电效应的大小用压电常数来表示，它是与施加的应力、产生的应变、电场强度及电位移有关的量，且与方向有关。生产上常用机电耦合系数 $K$ 来表征压电材料的性能，它表示压电材料的机械能与电能的耦合效应，即 $K$ = 通过压电效应转换的电能/输入的机械能。$K$ 值与材料形状及振动方式有关。

④ 铁电性　在一些电介质晶体中，晶胞的结构使正负电荷重心不重合而出现电偶极矩，

产生不等于零的电极化强度，使晶体具有自发极化，晶体的这种性质叫作铁电性。其极化强度与电场强度的关系曲线与铁磁体的磁滞回线形状类似，所以人们将这类晶体称为铁电体（其实晶体中并不含有铁）。材料的铁电性依赖于温度，在一个特征温度以上，材料将不再具备铁电性，此温度称为铁电居里温度 $T_c$。

### 2.2.2 工程材料的化学性能

在实际生产中，有些设备和产品，如各种酸、碱的合成塔，是在有腐蚀的介质和环境中工作的，因此在设计和制造时就要考虑材料的化学性能。材料的化学性能主要包括抗腐蚀性、抗氧化性等。

金属的抗氧化性指在高温下迅速氧化后形成一层致密的氧化膜，覆盖在金属表面，使金属不再继续氧化。碳钢在高温下很容易氧化，主要是由于在高温下钢的表面生成疏松多孔的氧化亚铁（FeO），无保护作用，使钢继续氧化。在钢中加入铬、硅、铝等合金元素，高温下钢与氧接触时，在其表面下形成致密、高熔点的 $Cr_2O_3$、$SiO_2$、$Al_2O_3$ 等氧化膜，牢固地附在钢的表面，使钢在高温气体中氧化过程难以继续进行。如在钢中加入 15% Cr，其抗氧化温度可达 900℃；在钢中加（20%~25%）Cr，其抗氧化温度可达 1100℃。

腐蚀是指材料表面与周围介质发生化学反应、电化学反应或物理溶解而引起的表面损伤现象，并分别称为化学腐蚀、电化学腐蚀和物理腐蚀三大类。其中物理腐蚀在工程上较少见，如钢铁在液态锌中的溶解，故这里主要介绍化学腐蚀和电化学腐蚀的相关概念。

化学腐蚀是指材料与周围介质直接发生化学反应，但反应过程中不产生电流的腐蚀过程，如金属材料在干燥气体中和非电解质溶液中的腐蚀、陶瓷材料在某些介质中的腐蚀等。除少数贵金属（如金、铂等）外，绝大多数金属在空气中（尤其是高温气体）都会发生氧化，钢铁材料的氧化是最典型、最重要的化学腐蚀代表。由于氧化膜一般均较脆，其力学性能明显低于基体金属，且氧化又导致了零件的有效承载面积下降，故氧化首先影响了零件的承载能力等使用性能；其次，热加工过程中的氧化还造成了材料的损耗。若氧化形成的氧化膜越致密、化学稳定性越高、与基体间结合越牢固，则该氧化膜就具有防止基体继续氧化的作用，如 $Al_2O_3$、$Cr_2O_3$、$SiO_2$ 等；反之，FeO、$Fe_2O_3$、$Cu_2O$，则不具备此特性。因此，在钢中加 Cr、Si、Al 等元素，由于这些元素与氧的亲合力较 Fe 大，优先在钢表面生成稳定致密的 $Cr_2O_3$、$SiO_2$、$Al_2O_3$ 等氧化膜，则可提高钢的抗氧化能力，此即为耐热钢的发展思路。铝及其合金的表面化学氧化和阳极氧化处理，也是在其表面生成氧化膜，从而使其耐蚀性提高。

电化学腐蚀是指材料与电解质发生电化学反应，并伴有电流产生的腐蚀过程。陶瓷材料和高分子材料一般是绝缘体，故通常不发生电化学腐蚀，而金属材料的电化学腐蚀则极其普遍，是腐蚀研究的主要对象。电化学腐蚀的条件是在不同金属零件之间或同一金属零件的内部各个区域之间存在着电极电位差，且它们之间是相互接触并处于相互连通的电解质中构成所谓的腐蚀电池（又称原电池）。其中电极电位较低的部分为阳极，它易于失去电子变为金属离子溶入电解质中而受到腐蚀；电极电位较高的部分为阴极，它仅发生析氢过程或电解质中的金属离子在此吸收电子而发生金属沉积过程。据此可知，原电池反应也是电解工艺和电镀工艺的理论基础。其反应式为

阳极腐蚀（溶解）： $$M \longrightarrow M^{n+} + ne^-$$

阴极析出（如析氢）： $$2H^+ + 2e^- \longrightarrow H_2 \uparrow$$

不同的金属因电极电位不同，其电化学腐蚀的倾向是不同的，金属的电极电位越高（即

越正），越不易发生电化学腐蚀。若将其中任意两金属接触在一起并置于电解质中，则电极电位低的金属将被腐蚀，且两者电极电位差越大，其电化学腐蚀速度就越快。

**2.2.3  工程材料的力学性能**

材料在外加载荷作用下会产生变形，一部分变形是外力去除后可恢复的弹性变形，另一部分变形则是不可恢复的塑性变形。当变形达到一定程度时，原子间结合力受到破坏，将导致材料的断裂。材料在外加载荷作用下所表现出的各种性能称为力学性能，是做结构设计选材时的重要依据。

根据载荷作用性质的不同，外加载荷通常分为静载荷和动载荷。静载荷作用下的力学性能指标包括强度、硬度、塑性等，动载荷作用下的力学性能指标为疲劳强度，高温条件下则需考核材料的蠕变强度及持久强度。另外，材料对断裂的抗力为强度、冲击韧性和断裂韧性。

（1）静载强度及塑性

材料的静载强度及塑性通常通过拉伸试验来确定。在拉伸过程中，材料首先发生弹性变形，弹性变形与外载荷之间的关系满足胡克定律，即

$$\sigma = E\varepsilon$$

式中  $\sigma$——单位面积上的作用力，MPa；

$\varepsilon$——单位长度上的变形；

$E$——弹性模量，MPa，对特定材料在特定温度下为常数。

随着弹性变形的增大，外力以线性关系增大，当载荷及变形增大到一定程度时，两者的线性关系被破坏，此时材料开始发生屈服。屈服发生时对应的载荷即为屈服强度，如采用屈服发生时的最低载荷，则为下屈服强度。可通过下式计算：

$$R_{eL} = F_s / S_0$$

式中  $F_s$——试样产生屈服现象时的最低拉力，N；

$S_0$——试样原始横截面积，$mm^2$；

$R_{eL}$——屈服强度，MPa。

屈服发生后，随着载荷的进一步增大，材料将发生均匀塑性变形，当载荷达到抗拉强度时，塑性变形将集中在某一局部，并最终导致该部位发生断裂。断裂发生时的总变形量为伸长率，用 $A$ 表示，无量纲；断面的减小量为断面收缩率，用 $Z$ 表示，无量纲。抗拉强度为拉断前所能承受的最大平均应力值，即

$$R_m = F_b / S_0$$

式中  $F_b$——试样在拉断前的最大载荷，N；

$R_m$——抗拉强度，MPa。

屈服强度与抗拉强度的比值称为屈强比，屈强比越小，材料的形变强化能力越好，使得材料在发生超载时不会马上断裂。然而，屈强比太小，则材料强度有效利用率降低。

（2）韧性

材料的韧性表示材料在塑性变形和断裂过程中吸收能量的能力，是材料强度和塑性的综合表现。韧性低容易导致灾难性脆性断裂的发生，如压力容器和大型锅炉的爆炸、船舶脆断沉没等。评定材料韧性的力学性能指标主要有冲击韧性和断裂韧性。

冲击韧性是指材料在冲击载荷作用下吸收塑性变形功和断裂功的能力，常用夏比 V 形缺口冲击试样的冲击吸收能 $KV_2$ 来表示，单位为 J。冲击吸收能越高，材料越不容易发生断裂。

传统的工程设计以材料力学为基础，即假设材料是均匀、无缺陷的连续体。然而实际的材料中往往存在微小的裂纹，这些裂纹可能是原材料生产过程中的冶金缺陷，也可能是加工过程中产生的裂纹（如各种热处理裂纹、焊接裂纹等），或是在使用过程中发生的裂纹（如疲劳、应力腐蚀裂纹）。其裂纹尖端附近的实际应力值，取决于零件上所施加的名义工作应力、裂纹长度及到距裂纹尖端的距离等因素，因此单纯用应力判断裂纹是否扩展是不合适的，断裂韧性综合了各方面的因素，表征了材料抵抗裂纹失稳扩展的能力。

（3）疲劳强度

弹簧、齿轮、曲轴、连杆等许多零件都是在交变载荷作用下工作的。所谓交变载荷是指其大小、方向均随时间发生周期性变化的载荷，是动载荷的一种。在交变载荷作用下，即使应力小于屈服强度，经较长时间的工作也会发生失效（断裂），而且通常是突然断裂，这种现象称为疲劳。据统计，在机械零件的断裂中，80%以上属于疲劳，故材料的疲劳性能有着极其重要的意义。

为了防止疲劳断裂，必须正确理解材料的疲劳抗力。评定材料疲劳性能的疲劳抗力指标主要是疲劳强度（或疲劳极限）。疲劳强度指在大小和方向重复循环变化的载荷作用下，材料抵抗断裂的能力。理论上疲劳强度指材料在无数次循环载荷作用下，不发生断裂的最大应力，用 $\sigma_r$ 表示，单位为 MPa。但一般试验时规定，钢在经受 $10^6 \sim 10^7$ 次、有色金属经过 $10^7 \sim 10^8$ 次循环载荷的作用，不发生断裂的最大应力。工作应力远低于材料的屈服强度时，发生的疲劳现象称为应力疲劳或高周疲劳，其疲劳抗力主要取决于材料的强度；若零件受到的工作应力接近或略超过材料的屈服强度，发生的疲劳现象称为应变疲劳或低周疲劳，其疲劳抗力主要取决于材料的塑性。

（4）硬度

硬度是在外力作用下材料抵抗局部塑性变形的能力，是材料抵抗外物压入其表面的能力，是衡量金属材料软硬程度的指标，综合反映了材料的强度与塑性。

硬度指标有很多种，金属材料常用的布氏硬度、洛氏硬度、维氏硬度、显微硬度等。它们都是采用特定尺寸、特定形状及特定材质的压头，以给定的载荷作用在试样表面，硬度值取决于所形成压痕的尺寸及载荷的大小。

布氏硬度采用特定尺寸球形硬质合金压头，硬度与压力除以压痕面积的比值成正比。压痕直径越大说明材料越软，硬度值越低。布氏硬度用 HBW 表示，主要用于测定布氏硬度值在 650 以下的材料。

洛氏硬度采用硬质合金球或金刚石圆锥压头。淬火钢等金属常用金刚石圆锥压头，硬度用 HRC 表示。硬度较低的材料，如：软钢、有色金属、退火钢、铸铁等，常用淬硬钢球压头，硬度用 HRB 表示。鉴于采用的压头尺寸及载荷不同，洛氏硬度还有 HRA、HRD、HRE、HRF、HRG、HRH、HRK 等。

### 2.2.4 工程材料的工艺性能

工艺的目的在于最经济地满足产品的要求，包括材料内部的成分、组织、结构和材料外部的形状、尺寸及表面质量等。工艺性能则是指材料对各种加工工艺的适应能力，即加工工艺性能，它表示了材料加工的难易程度。由于工艺过程涉及到复杂的物理、化学和力学变化，因此工艺性能是一种综合的材料性能。材料的工艺性能不仅取决于材料本身的成分、组织、结构，而且还受各种加工工艺条件的影响，如加工方式、设备、工具、温度等。

使用性能保证了材料满足特定使用需要而具备的功能，无疑是材料最重要的性能。而工艺性能涉及产品生产的全过程的成本问题，以及材料与环境之间的交互作用，也是材料行为的重要表征与判据，体现了材料的经济性能及环境适应性和环境协调性，对经济全球化、集约化及社会可持续发展尤为关键。

材料常用的加工工艺包括铸造、锻压、焊接、粘接及切削等，材料对这些工艺的适应性即铸造性能、锻压性能、焊接性、粘接性能及切削性能。

（1）铸造性能

将熔炼好的液态材料浇注到与零件形状相适应的铸型空腔中，冷却后获得铸件的方法称为铸造。铸造性能主要包括流动性、不均匀性、收缩、疏松、铸造应力及冷热裂纹倾向等。

① 流动性　熔融材料在型腔内的流动能力称为流动性，它主要受化学成分和浇注温度等影响。流动性好的材料容易充满型腔，从而获得外形完整、尺寸精确和轮廓清晰的铸件。

② 不均匀性　铸件凝固后，内部化学成分和组织的不均匀现象。根据存在范围和尺度的不同，化学成分不均匀性（成分偏析）可分为宏观偏析和微观偏析。不均匀性严重的铸件各部分的力学性能有较大的差异，产品的质量降低。

③ 收缩性　是指在凝固和冷却过程中，铸件体积和尺寸减小的现象，铸件收缩不仅影响其尺寸，还会使铸件产生缩孔、疏松、内应力、变形和开裂等缺陷。因此，用于铸造的材料其收缩性越小越好。

（2）锻造性能

锻造性能又称塑性加工性能或压力加工性能，它是指利用材料的可塑性，借助外力的作用产生变形，从而获得所需形状、尺寸和一定组织性能的零件。锻造性能通常用材料的塑性（塑性变形能力）和强度（塑性变形抗力）及形变强化能力来综合衡量。塑性越好，变形抗力越小，材料的锻造性能越好。金属材料一般具有良好的塑性，故可通过各种塑性加工方法制成所需形状、尺寸的零件，这是金属材料应用最广泛的重要原因。陶瓷材料的塑性极差，不能通过塑性加工成型。热塑性塑料可经挤压和压塑成型，这与金属挤压和模压成型相似。

（3）焊接性能

焊接是材料的连接成型方法之一，广泛地用于连接金属材料。材料的焊接性是指被焊材料在一定的焊接条件下获得优质焊接接头的难易程度，它包括两个主要方面：其一是焊接接头产生缺陷的倾向性（如各种焊接裂纹、气孔等）；其二是焊接接头的使用可靠性（如强度、韧性等）。

（4）粘接性能

粘接也是材料的连接成型方法之一，其应用十分广泛，且重要性日益增加。评价粘接性能的主要指标是粘接强度（如抗剪强度、剥离强度）和耐久性（如耐环境介质作用）等。除粘接接头设计、黏结剂选择及固化工艺外，应特别重视材料表面处理（如脱脂、氧化、磷酸盐处理等）对粘接性能和质量的影响。不同材料的粘接性能有较大的差异，如碳钢、铝及其合金的粘接性能比不锈钢要优越。此外，被粘接的材料对黏结剂的选择性也不可忽视。

（5）切削加工性能

材料进行各种切削加工（如车、铣、刨、钻、磨等）时的难易程度，称为切削加工性能。切削是一种复杂的表面层现象，牵涉到摩擦及高速弹性变形、塑性变形和断裂等过程，因此评定材料的切削加工性能也是比较复杂的，一般用材料被切削的难易程度、切削后表面粗糙度和刀具寿命等几方面来衡量。

材料的切削加工性能不仅取决于材料的化学成分，而且还受内部组织结构的影响。因此在材料化学成分确定后，通过采用热处理的方法来改变材料显微组织和力学性能，是改善材料切削加工性能的主要途径。但需指出的是，有些影响材料切削性能的物理和力学性质，如热膨胀系数、热导率、弹性模量等，是很难用改变组织的方法来改变的。改变钢的化学成分也可明显改善钢的切削性能，如易切削钢(添加了少量的 S、P、Pb 等元素)。

在生产中一般是以硬度作为评定材料切削加工性能的主要控制参数，硬度过高或过低均不利于切削加工。实践证明：当材料的硬度在 180~230HBS 范围内时，切削加工性能良好。陶瓷材料的硬度极高，难于进行切削加工，但可用于制作切削高硬度材料的刀具。

（6）热处理性能

热处理是改变材料性能(使用性能和工艺性能)的主要手段，它是通过加热、保温、冷却的方法使材料在固态下的成分、组织、结构发生改变，从而获得所要求的性能的一种热加工工艺。热处理性能则是指材料热处理的难易程度和产生热处理缺陷的倾向，其衡量的指标或参数很多，如淬透性、淬硬性、耐回火性、回火脆性、氧化与脱碳倾向及热处理变形开裂倾向等。

# 2.3　金属及其组织、结构与性能

大部分金属的结合键完全为金属键，过渡族金属的结合键为金属键和共价键的混合键，但以金属键为主。因此金属材料具有具有金属光泽、良好的强度和塑性、良好的导电性和导热性，被广泛应用于制造各种构件、机械零件、工具和日常生活用具。然而，金属同时存在着易腐蚀、易氧化等缺点，在一定程度上限制了金属材料的应用。充分了解金属的成分及组织结构对性能的影响规律，是充分发挥金属的作用的前提。

### 2.3.1　金属组织及结构的基本知识

不论是何种材料，不论材料的形状尺寸如何，其宏观性能都是由材料的化学成分和组织结构决定的。只有从不同的微观层次上准确了解材料的成分和组织结构与性能间的关系，才能有目的地、有选择地制备和使用材料。

（1）成分

材料的成分是指组成材料的元素种类及其含量，通常用质量分数($\omega$)表示，有时也用摩尔分数($\chi$)表示。如低碳钢含碳量为 0.25%，指的就是碳的质量分数。只涉及一种元素的金属为纯金属，由两种或两种以上金属或非金属成分组成的、具有金属性质的材料称为合金。工程常用金属材料既包括纯金属也包括合金。

（2）组元

指组成合金最基本的、能独立存在的物质，如化学元素或稳定的化合物。在合金中，基本金属元素及合金元素都是组元。有相同组元，而成分比例不同的一系列合金成为合金系。如合金钢中有 C-Mn 合金系、C-Mo 合金系等。

（3）相

在合金中，化学成分一致、物理状态相同，与其他部分有明显界面的部分称为相。如 Cu-Ni 合金在不同成分、不同温度下会呈现不同的相，铜-镍相图反应了相与成分、温度的关系，如图 2-1 所示。图中 $a$ 点为纯铜的熔点(1083℃)，$b$ 点为纯镍的熔点。$aa'b$ 线为液相开始结晶的温度线，称为液相线，在其线以上的区域合金系全部呈液相 $L$ 状态，称为液相区；ab'b 线为液相全部结晶的温度线，称为固相线，在其线以下的区域全部呈固溶体 α 状态，称为固相区；液相线与固相线之间的区域为两相共存的区域，称为两相区。

相图只能反映热力学平衡条件下相的类型及数量的多少，该相的结构及分布状态必须通过组织及结构来说明。

（4）组织

指材料内部的微观形貌，是各个晶粒或各种相的形态、尺寸及分布的状态。材料的组织分为微观组织与宏观组织，宏观组织是指人们用肉眼或放大镜所能观察到的晶粒或相的集合状态，显微组织是借助光学显微镜和电子显微镜观察到的晶粒或相的集合状态，其尺度约为 $10^{-8} \sim 10^{-7} \text{m}$。图 2-2 所示为 45 号钢的显微组织，黑色部分及白色部分分别为珠光体相及铁素体相，他们以不同的大小及形态组织在一起构成了 45 号钢的显微组织。

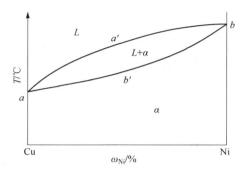

图 2-1 Cu-Ni 合金相图

图 2-2 45 号钢的微观组织（500×）

（5）结构

结构有三个层次的含义。第一个层次指材料的原子的电子结构、分子的化学结构及聚集态结构，该层次的结构决定了材料的基本类型；第二个层次指原子的空间排列，该层次的结果确定了材料的组成相结构；第三个层次指组成材料的各相的形态、大小、数量和分布等，即材料的显微组织。

材料的内部结构可随化学成分和外界条件的变化而改变，从而改变材料的性能。例如含碳量在 0.25% 以下的低碳钢，通常具有良好的塑性和韧性，但强度和硬度较低；含碳量在 0.6% ~ 1.4% 范围的高碳钢，其强度和硬度较高，而塑性和韧性较差；又如含碳量为 0.77% 的共析碳钢，退火后的硬度约为 15HRC，淬火后的硬度高达 62HRC，这是因为碳钢经不同的热处理之后得到了不同的结构。

（6）晶体结构

玻璃、沥青、石蜡和松香等材料的内部原子或分子呈杂乱无章、不规则堆积的状态，这种材料为非晶材料。材料内部的原子或分子呈规则有序排列的物质则为晶体材料，如金刚石、硅酸盐和氧化镁等。由单个晶体构成的材料为单晶材料，如金刚石单晶、硅单晶等，由多个晶体组成的材料为多晶材料，如金属。不同材料的晶体结构不同，从而产生了不同的性能。

① 理想晶体结构　金属晶体是由许多金属原子（或离子）在空间按一定几何形式规则地紧密排列而成，如图 2-3（a）所示。为了便于研究各种晶体内部原子排列的规律及几何形状，可以将每一个原子抽象为原子中心的一个阵点，则原子排列的方式可由这些阵点在空间分布的规律表现出来，这种空间点的排列方式为晶体点阵。将晶体点阵中的阵点用直线连接起

来，则在空间形成许多立体格子，即称这些格子为晶格，如图 2-3（b）所示。晶格的最小几何单元称为"晶胞"，如图 2-3（c）所示。晶胞中原子排列的规律能完全代表整个晶格的原子排列规律，因此晶胞就是构成晶格的细胞。

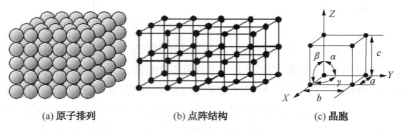

(a) 原子排列　　　　　(b) 点阵结构　　　　　(c) 晶胞

图 2-3　金属晶体结构

根据晶胞的几何形状或自身的对称性，可将晶体结构分为七大晶系 14 种晶格。然而，由于金属晶体中存在大量的自由电子、电子云及其各离子间公有引力的金属键结合，使得金属原子大都具有紧密排列的趋向，以致于构成少数几种高对称性的简单晶格结构，因此，约有 90%以上的金属晶体为体心立方晶格、面心立方晶格或密排六方晶格。Al、Cu、Pb、Zn、Au、Ag 等金属只具有一种晶体结构，而 Fe、Mn、Ti、Co、Sn 等金属则在不同温度或压力下，会呈现不同的晶体结构。

体心立方晶格（body-centered cubic lattice，BCC）结构的晶胞是一个正立方体，其原子排列结构是除八个顶点上都有一个原子外，在立方体的体积中心尚有一个原子，如图 2-4（a）所示。具有体心立方结构的金属包括 α-Fe、α-Cr、β-Ti、Mo、W、V、Nb 等 20 余种。

面心立方晶格（face-centered cubic lattice，FCC）结构的晶胞也是一个正立方体，其原子排列的结构特点除与体心立方晶胞相同外，另在其六个面的中心还有一个原子，如图 2-4（b）所示。具有面心立方结构的金属有 γ-Fe、γ-Mn、Al、Cu、Ni、Au、Ag、Pb、β-Co 等 20 余种，它们大多具有较高的塑性。

密排六方晶格（hexagonal close-packed lattice，HCP）结构的晶胞是个正六方柱体，由六个呈长方形的侧面和两个呈正六边形的底面组成，在六方柱体的十二个角上和上下两个正六边形的底面中心各有一个原子，在晶胞中间还有三个原子，如图 2-4（c）所示。具有密排六方结构的金属有 Mg、Zn、Be、α-Ti、α-Co、β-Cr、Cd 等 30 余种，它们大多具有较大的脆性，塑性较差。

(a) 体心立方结构　　(b) 面心立方结构　　(c) 密排六方结构

图 2-4　典型金属晶格结构

同一种金属在固态下随着温度的改变，由一种晶格转变成另一种晶格的现象称为同素异构转变。具有同素异构转变的金属有铁、钴、钛、锡、锰等。图 2-5 为铁的晶格结构随温度变化而呈现出 α-Fe、γ-Fe、δ-Fe 晶格结构的变化过程。在 912℃以下为 α-Fe，在 912～1394℃为 γ-Fe，在 1394～1538℃为 δ-Fe，高于 1538℃则为液相。

在同一晶体中，由于各晶面和各晶向上的原子排列密度不同，导致原子间距不同，原子间的作用力强弱也不同，因而在宏观上性能就出现了方向性，这种特征称为各向异性。各向异性是区别晶体与非晶体的重要特征之一。

单晶体具有各向异性的特征，即在晶体的各个方向上具有不同的物理、化学和力学性能。例如 α-Fe 的理想单晶体，由于其在不同晶向上的原子密度不同，原子结合力不同，则弹性模量 $E$ 也不同，在体对角线方向上 $E = 290000MPa$，而沿立方体一边方向上 $E = 135000MPa$，如图 2-6 所示。

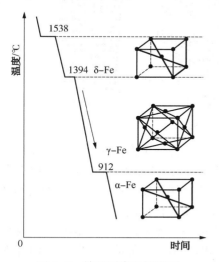

图 2-5　铁的同素异构转变

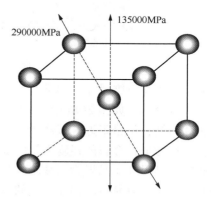

图 2-6　晶体的各向异性

此外，单晶体还具有较高的强度、抗蚀性、导电性和其他性能，目前已在半导体元件、磁性材料、高温合金材料等方面得到开发和应用，并且单晶体金属材料是今后新型金属材料的发展方向之一。工程中应用的大多金属材料属于多晶体结构，一般不具有各向异性的特征。例如 α-Fe 的多晶体结构，从其任何方向上取样测定，其弹性模量均为 $E = 210000MPa$。

② 实际晶体结构　实际金属晶体结构中均包含着许多小的单晶体，每个小的单晶体内的晶格方位一致，但各小的单晶体之间的彼此方位却不同，如图 2-7 所示。每个小的单晶体都具有不规则的颗粒状外形，通称为"晶粒"。晶粒与晶粒之间的界面称为"晶界"。晶界是两相邻晶粒不同晶格位向的过渡区，其上的原子排列总是不规则的。因此，实际金属的晶体结构都是由多晶粒、多晶界和许多偏离理想晶体的微观区域等组成的多晶体结构。多晶体金属中各个晶粒位向紊乱，一般不显示各向异性，而呈现"伪无向性"的各向同性。多晶体晶粒的大小与金属的制造及热处理方法有关，其直径一般在 0.001～1mm

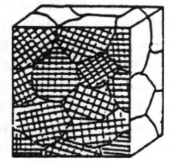

图 2-7　多晶结构

之间。晶粒的大小对材料性能影响很大，在常温下晶粒愈小，材料的强度愈高，塑性、韧性就愈好。

另外，晶界等处存在原子排列的不完整性，这种不完整性称为晶体缺陷。按其几何形态可分为点缺陷、线缺陷和面缺陷三类。

点缺陷包括空位、置换原子和间隙原子等。空位是指未被原子所占有的晶格节点，置换原子是指占据晶格节点上的异类原子，间隙原子指处于晶格间隙中的多余原子。如图 2-8(a)

所示。点缺陷往往造成实际金属的晶格结构发生扭曲等变化，这种晶格畸变引起材料内能增高，微观应力增大，阻碍位错滑移变形，使材料强度、硬度提高。同时，在金属的扩散、回复等过程中，点缺陷的运动起着极其重要的作用。如塑性加工或离子轰击将会使点缺陷增多，从而使金属强度、硬度升高，电阻增大。

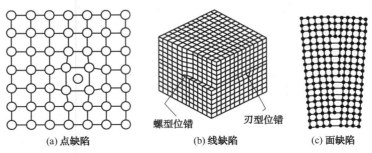

图 2-8　典型晶体缺陷

　　线缺陷是指在三维尺寸上的某一方向尺寸较大，而另两个方向尺寸很小的晶体缺陷，在晶体中呈线状分布，如图 2-8(b)所示。位错是典型的线缺陷，位错在外力作用下会产生运动、堆积和缠结；位错附近区域产生晶格畸变，造成金属强度升高。如冷塑性变形使晶体中位错缺陷大量增加，金属的强度大幅度提高，形成形变强化作用。

　　金属中的晶界和亚晶界为面缺陷。晶界区域内的原子排列不整齐，偏离其平衡位置，产生晶格畸变，使多数晶粒间存在一定的位向差，如图 2-8（c）所示。实际晶粒内存在许多小尺寸和小位向差的镶嵌晶块，即称"亚晶粒"，两个相邻亚晶粒间的边界即为"亚晶界"。亚晶界的原子排列也不规则，也存在晶格畸变。晶界和亚晶界的存在会使金属强度提高，同时改善塑性、韧性。

　　（7）碳及合金元素在钢铁材料中的状态及作用

　　钢铁材料中，基本元素为铁、碳，铁以体心立方晶格（$\alpha$-Fe 或 $\delta$-Fe）、面心立方晶格（$\gamma$-Fe）形式存在。碳可以溶入铁的晶格中形成固溶体，如 $\alpha$ 铁素体、$\delta$ 铁素体、$\gamma$ 奥氏体，也可以与铁形成化合物 $Fe_3C$（渗碳体），或以游离态碳（石墨）形式存在。图 2-9 为 $Fe$-$Fe_3C$ 相图，该相图给出了不同含碳量、不同温度条件下的相状态，即碳存在的状态。如在图中的 QPSK 线以下区域，一部分碳溶入 $\alpha$-Fe 形成铁素体，一部分碳以渗碳体（$Fe_3C$）形式存在。溶入晶格的碳，以间隙原子的形式使晶格结构发生畸变，而渗碳体本身具有复杂的正交晶格，硬度很高，塑性、韧性几乎为零，脆性很大。因此碳无论以间隙原子形式存在，还是以渗碳体形式存在均会造成材料的强度提高、塑性及韧性下降，且随着含碳量增加，其影响加剧，同时还会造成材料的焊接性等加工性能降低。

　　碳在铁基材料中的另一种存在形式为石墨，如在灰口铸铁中，大部分碳以石墨形式存在。石墨的强度远低于基体组织，因此当石墨的形态存在尖角等形态时，会割裂基体，造成强度下降。只有当石墨以球状存在，才会在不降低铸铁强度的条件下，起到改善切削性能、铸造性能、减磨减震等效果。

　　合金元素是为了改善金属的力学性能、物理化学性能，而有目的地加入金属中的一些元素。合金钢中常添加锰（$\omega_{Mn}$>0.8%）、硅（$\omega_{Si}$>0.4%）、铬、镍、钼、钨、钒、钛、铌、锆、钴、铝、硼、稀土等合金元素，用以调整钢的性能。

　　合金元素在金属中通常以固溶体、强化相、非金属夹杂物的状态或游离态存在。合金元

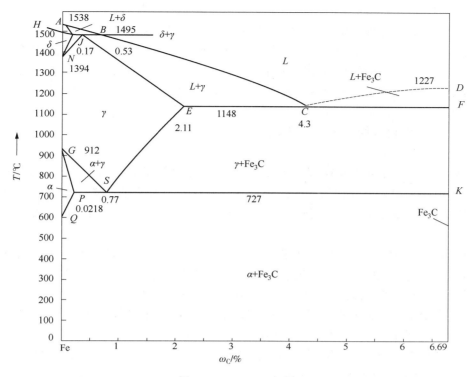

图 2-9　Fe-Fe₃C 相图

素在金属中的不同状态，导致相图发生改变，使金属中各组织的成分、结构、形状、大小和分布发生变化，并使金属的许多性能发生显著的变化。

对于钢而言，合金元素溶入铁素体、奥氏体或马氏体中，将形成合金铁素体、合金奥氏体及合金马氏体，合金元素如溶入渗碳体则可能形成合金渗碳体、特殊碳化物或金属间化合物。如钢中的 Mn、Ni、Co、C、N、Cu 等溶入奥氏体后，使得该相的稳定性提高，因而使奥氏体区扩大，且当合金元素的含量增大到一定程度时，甚至可使奥氏体稳定到室温，获得室温为奥氏体组织的奥氏体钢。奥氏体的面心立方晶格结构，赋予了该相强度低、塑性及韧性好等特点。

若合金元素与 O、S、N 等作用则形成氧化物、硫化物和氮化物及复合夹杂物，这些物质在钢中往往为夹杂物，会降低钢的力学性能。另外某些元素既不溶于铁，也不形成化合物，而是以单质状态存在，如 Pb、Cu（大于 0.8%）等。还有一些元素，如 Cr、Mo、V，为强碳化物形成元素，所形成的碳化物稳定、不易分解。钢材的基体相上析出的细小碳化物，可以阻碍晶粒长大，阻碍位错的运动，达到细化晶粒、提高强度及韧性的作用。但是如果析出相粗大，则无法起到提高性能的作用。

合金元素在改变钢的强度、韧性等力学性能的同时，还会造成材料的物理及化学性能的变化。如 1Cr18Ni9 为典型奥氏体不锈钢，其含碳量为 0.1%，合金元素 Cr 的质量分数为 18%，Ni 的质量分数为 9%，属于高合金钢。当钢中铬含量大于 12.5% 时，可使钢的电极电位发生突变，由负电位升到正的电极电位，因此表现出良好的耐腐蚀能力。另外一般碳钢电阻率为 $(10 \sim 20) \times 10^{-8} \Omega \cdot m$，导热系数为 $45 J \cdot (m \cdot s \cdot ℃)^{-1}$，线胀系数为 $12 \times 10^{-6} m \cdot (m \cdot ℃)^{-1}$，且有铁磁性。而奥氏体不锈钢的电阻率为 $74 \times 10^{-8} \Omega \cdot m$，导热系数为 $16 J \cdot (m \cdot s \cdot ℃)^{-1}$，线

胀系数为 $16.7 \times 10^{-6} m \cdot (m \cdot ℃)^{-1}$，无铁磁性。高电阻率、低导热系数、低线胀系数导致奥氏体不锈钢在焊接过程中易产生大的变形和应力，使其焊接性降低。

在其他合金系中，如铝合金、钛合金等，合金元素的种类各有不同，但是合金元素的存在形式及作用形式与钢中的合金元素有相似之处，合金元素也是以固溶、金属间化合物、氧化物、硫化物、氮化物等形式存在，其质量分数及存在状态直接影响合金相图，同时对材料的物理、化学及力学性能产生作用。

### 2.3.2 铁及铁合金的成分、组织及性能

（1）铁及铁合金的种类

铁是黑色金属，是元素周期表中第 26 个元素，相对原子质量为 55.85，属于过渡族元素。纯铁、铸铁及钢都是以铁为基的黑色金属，其主要成分为铁、碳。碳的质量分数低于 0.02% 的铁碳合金称为纯铁，碳的质量分数介于 0.02%~2.11% 的为钢，介于 2.11%~4.3% 的为铸铁。

钢材一般按化学成分分为碳素钢和合金钢。碳素钢是指碳含量不大于 2% 的铁碳合金，含有少量由原材料带入的杂质，如硫、磷、铜等，以及因脱氧加入而残留的硅、锰、铝等。含碳量低于 0.25% 的为低碳钢，含碳量介于 0.3%~0.6% 的为中碳钢，含碳量高于 0.6% 的为高碳钢。合金钢是指为了改善钢的某些性能而加入一定量的某种或几种合金元素的钢。当硅、锰、铝、铜等元素的总含量超过一定值，并起合金化作用的钢，亦认为是合金钢。合金钢按合金系的种类分为锰钢、铬钢、硼钢、铬镍钢和硅锰钢等。当合金元素的质量分数小于 5% 时称为低合金钢，介于 5%~10% 时为中合金钢，高于 10% 时为高合金钢。

钢目前仍然是最重要的金属，一般供货形式为型材、板材、管材和金属制品四大类，采用铸造、压力加工、切削加工、焊接等工艺进行加工。钢材应用非常广泛，可用于制造机器零部件（如轴、齿轮等）、金属结构、储运及炼化装置、运输装备等，还可用来制造加工工具，有些品种的钢还能够在特殊的高温、低温、腐蚀介质等环境工作。如轴及齿轮等传动部件、压力容器等。储运装置、桥梁等大型钢结构大多采用钢或合金钢制造。铸铁一般采用铸造、切削方式进行加工，主要用来制造机械结构的零部件，如机器的床身、外壳等。

工程用铸铁的含碳量一般为 2.5%~3.5%，按断口颜色可分灰口铸铁、白口铸铁和麻口铸铁，按化学成分可分为普通铸铁和合金铸铁，按生产方法和组织性能可分为普通灰铸铁、孕育灰铸铁、可锻铸铁、球墨铸铁、蠕墨铸铁和特殊性能铸铁。灰口铸铁在工程中的应用较多，如机器的床身大多采用灰口铸铁制造。

（2）纯铁的成分、组织及性能

纯铁根据纯度可分为工业纯铁、纯铁及高纯铁，其纯度分别为 99.6%~99.8%，99.90%~99.95% 及 99.990%~99.997%。其在常压下的熔点为 1538℃，沸点为 2740℃，密度为 7.87g/cm³。固态的铁，在不同温度范围具有不同的晶体结构，在室温时为体心立方晶格，称为 α 铁，具有铁磁性。常用原料纯铁的牌号有 YT1、YT2、YT3 三种，其纯度高，含碳量低于 0.002%，P 含量低于 0.005%，S 含量低于 0.004%。常用来作为冶炼不锈钢、精密合金等材料的原料，或者作为深冲材料冲压成极复杂的形状。纯铁是很软的金属，有银白色金属光泽，在室温下纯铁非常柔韧，易变形，相关标准中未对其强度做强制规定。一般纯铁（如碳的质量分数为 0.001%~0.005% 的多晶体铁）在室温下的屈服强度为 128~206MPa，抗拉强度为 275~314MPa。

电工纯铁具有良好的铁磁性能，如 DT4、DT4A、DT4E、DT4C，常用来制作充磁机、仪

器、开关、电磁离合器等，其成分未做强制规定，一般碳含量低于0.010%，P含量低于0.015%，S含量低于0.010%，同时含有0.20%~0.80%的铝及其他元素。其抗拉强度大于265MPa，断后伸长率高于25%，硬度低于195HV。

（3）典型灰口铸铁的成分、组织及性能

常用灰口铸铁的化学成分为：$\omega_C = 2.6\% \sim 3.6\%$，$\omega_{Si} = 1.2\% \sim 3.0\%$，$\omega_{Mn} = 0.4\% \sim 1.2\%$，$\omega_P < 0.3\%$，$\omega_S < 0.15\%$。典型灰口铸铁如HT100、HT200、HT300等，其组织状态及力学性能见表2-1。灰口铸铁的基体多为铁素体、珠光体，其石墨化过程充分，大部分碳以石墨形式存在，图2-10所示为灰口铸铁的微观组织，其中黑色条状区域为石墨，白色区域为铁素体基体。相比于铁素体基体，由于珠光体基体中存在渗碳体，因此基体强度高于铁素体基体灰口铁，且当珠光体的晶粒及片层间距减小时，灰口铸铁的强度将进一步提高。如HT300，其抗拉强度为300MPa，高于以铁素体为基体的HT200的强度。这几种铸铁均广泛应用于床身、导轨、液压缸等机器零件的制造中。

表2-1  常用灰口铸铁的牌号和力学性能

| 牌号 | 显微组织 | | 抗拉强度/MPa | 硬度/HBW | 特点及用途举例 |
|---|---|---|---|---|---|
| | 基体 | 石墨 | | | |
| HT100 | 铁素体 | 粗片状 | 100 | ≤170 | 强度低，用于制造对强度及组织无要求的不重要铸件，如油底壳、盖、镶装导轨的支柱等 |
| HT200 | 珠光体 | 中等片状 | 200 | 150~230 | 强度较高，用于制造承受较高载荷的耐磨铸件，如发动机的气缸、液压泵、阀门壳体、机床机身、气缸盖、中等压力的液压筒等 |
| HT300 | 细片状珠光体 | 细小片状 | 300 | 200~275 | 强度高，基体组织为珠光体，用于承受高载荷的耐磨件，如剪床、压力机的机身、车床卡盘、导板、齿轮、液压筒等 |

（4）典型低碳钢的成分、组织及性能

低碳钢作为结构钢时，含碳量一般低于0.24%，Si含量低于0.35%，Mn含量低于1.50%，P含量低于0.045%，S含量低于0.050%。其退火组织为铁素体和少量珠光体，如图2-11所示，其中白色颗粒为铁素体，黑色区域为珠光体。常用Q195、Q215、Q235、Q255、Q275五个强度等级的碳素结构钢，每个牌号由于质量不同分为A、B、C、D等级，含S、P的量依次降低，钢材质量依次提高。通常Q195、Q215、Q235钢碳的质量分数低，

图2-10  灰口铸铁的组织特征（500×）

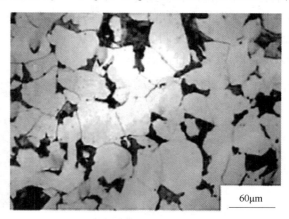

图2-11  Q235的组织特征

焊接性能好，塑性、韧性好，有一定强度，见表2-2。常轧制成薄板、钢筋、焊接钢管等，用于桥梁、建筑等结构和制造普通螺钉、螺母等零件。Q255和Q275钢碳的质量分数稍高，强度较高，塑性、韧性较好，可进行焊接，通常轧制成型钢、条钢和钢板作结构件，也可制造简单机械的连杆、齿轮、联轴节、销等零件。由于其硬度低，切削加工性不佳，一般采用正火处理改善其切削加工性。

表2-2 典型低碳钢的力学性能

| 牌号 | 热处理状态 | 屈服强度/MPa | 抗拉强度/MPa | 断后伸长率/% | 冲击吸收能/J | 硬度/(10/3000HBS) |
|---|---|---|---|---|---|---|
| Q235 | 热轧态 | 235 | 370~500 | 26 | 27($KV_2$) | — |
| 20号钢 | 正火态 | 245 | 410 | 25 | — | 156 |
| ZG200-400 | 铸态 | 200 | 400 | 25 | 47($KU_2$) | — |

低碳钢作为机器零件用钢时，常用08F、10F、10号、15号、20号、25号等优质碳素结构钢，该类钢分为优质钢、高级优质钢(A)及特殊优质钢(E)三个等级，其磷含量上限分别为0.035%、0.030%、0.025%，磷含量上限分别为0.035%、0.030%、0.020%，低于普通碳素结构钢。优质碳素结构钢常用压力加工及切削加工方式进行，主要用于制造各种机器零件。

焊接结构用铸钢有ZG200-400H、ZG230-450H、ZG270-480H、ZG300-500H、ZG340-550H五个牌号，其含碳量均低于0.25%，硅含量低于0.8%，锰含量低于1.6%，硫、磷含量低于0.025%。具有良好焊接性，用于制造焊接结构用铸钢件。

ZG200-400为一般工程用铸钢，含碳量低于0.20%，硅含量低于0.8%，锰含量低于0.80%，硫、磷含量低于0.035%。主要用于制造形状复杂并需要一定强度、塑性和韧性的零件，如齿轮、联轴器等。

（5）典型中碳钢的成分、组织及性能

中碳范围的优质钢、高级优质钢(A)及特殊优质钢(E)，含碳量介于0.25%~0.6%，锰含量范围为0.50%~0.80%，硅含量范围为0.17%~0.37%，同时含有少量铬、镍、铜等元素。常用钢种包括40号钢、45号钢、50号钢、ZG310-570等。由于含碳量高，其平衡态室温组织为珠光体+铁素体，如图2-12(a)所示为45号钢的平衡态组织，珠光体含量较高。45号钢具有淬硬倾向，快速冷却条件下易形成硬脆的马氏体组织，如图2-12(b)所示。表2-3为典型中碳钢的力学性能，一般具有强度高、硬度高，塑性及韧性低，焊接性差的特点，因此该类钢一般需经过调质处理，以获得优良的综合性能。中碳钢常用做机器零件用钢，制造齿轮、轴等重载零件。

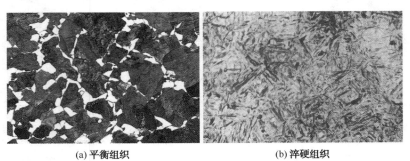

(a) 平衡组织　　　　　　　(b) 淬硬组织

图2-12　45号钢的平衡态组织

28

表 2-3　典型中碳钢的力学性能

| 牌号 | 热处理状态 | 屈服强度/<br>MPa | 抗拉强度/<br>MPa | 断后伸长率/<br>% | 冲击吸收能<br>$KU_2$/J | 硬度/<br>（10/3000HBS） |
|---|---|---|---|---|---|---|
| 40 号 | 正火+调质 | 335 | 570 | 19 | 47 | 217 |
| 45 号 | 正火+调质 | 355 | 600 | 16 | 39 | 229 |
| ZG310-570 | — | 310 | 570 | 15 | 24 | — |

（6）典型高碳钢的成分、组织及性能

高碳钢一般含碳量介于 0.60%~1.70%，易淬硬和回火。其平衡组织为珠光体+铁素体，珠光体的含量比中碳钢高，如图 2-13（a）所示，其淬硬倾向也高于中碳钢，且含碳量越高，硬度、强度越大，塑性降低得越多。需进行淬火+回火的热处理工艺过程，以获得高强度、高硬度、一定的塑性及韧性，如 T7 和 T8 的退火态硬度可以达到 187HB，T10 的退火态硬度可以达到 197HB，T13 的退火态硬度可以达到 217HBW。常用来制造切削工具，如 T7、T9、T12 等用来制造钻头、丝锥、铰刀等工具。

(a) 退火态T12(500×)

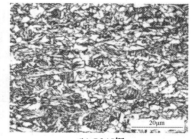

(b) Q345钢

图 2-13　钢的组织状态

（7）典型低合金钢的成分、组织及性能

低合金钢包括低合金高强钢、低合金耐热钢、低温钢及耐腐蚀用钢。常用于制造大型钢结构，如桥梁、压力容器、化工容器等，工况要求其应不仅具有较高的强度，还应具有良好塑性及韧性，且焊接性好，并具有一定耐高温、耐低温、耐腐蚀的能力。低合金高强钢是强度用钢，合金系为 C-Mn 系，根据供货状态又可分为热轧及正火钢、低碳调质钢、中碳调质钢及热机械轧制钢。低合金耐热钢应具有足够的高温强度及热稳定性，主要为 Cr-Mo 系珠光体钢。低温钢要求具有良好的低温韧性，包括低碳铝镇静钢、低合金高强钢、低 Ni 钢及高 Ni 钢。耐腐蚀用钢主要指耐海水、大气及硫化氢腐蚀的钢。

Q345（16Mn）是高强钢中的典型钢种，属于热轧及正火钢，它是我国低合金高强度钢中发展最早、使用最多、产量最大的钢种，既可以用做结构钢（Q345），也可以用作压力容器用钢（16MnR）。其成分见表 2-4，含碳量低于 0.20%，Mn 含量低于 1.70%，硫磷含量较低，同时含有少量的 Nb、V、Ti 元素。热轧态的组织为细晶粒的铁素体+珠光体，如图 2-13（b）所示。Q345（16Mn）的力学性能见表 2-5，强度比普通碳素钢 Q235 高 20%~30%，耐大气腐蚀性能也高 20%~38%。用其制造工程结构时，质量可减轻 20%~30%，著名的南京长江大桥、广州电视塔等钢结构都是由该钢制成的。

表 2-4　低合金高强钢的主要化学成分　　　　　　　　%（质量）

| 牌号 | C | Mn | Si | P | S | V | Cr | Mo |
|---|---|---|---|---|---|---|---|---|
| Q345A | ≤0.20 | ≤1.70 | ≤0.50 | ≤0.035 | ≤0.035 | ≤0.15 | ≤0.30 | ≤0.10 |
| 15CrMo(2.25Cr1Mo) | 0.08~0.18 | 0.40~0.70 | 0.15~0.40 | ≤0.025 | ≤0.010 | — | 0.80~1.20 | 0.45~0.60 |
| 9Ni490 | ≤0.10 | 0.30~0.80 | ≤0.35 | ≤0.015 | ≤0.015 | ≤0.05 | ≤0.25 | ≤0.10 |

表 2-5　低合金高强钢的力学性能

| 牌号 | 热处理状态 | 屈服强度/MPa | 抗拉强度/MPa | 断后伸长率/% | 冲击吸收能 | |
|---|---|---|---|---|---|---|
| | | | | | $KV_2$/J | 试验温度/℃ |
| Q345A | 热轧 | ≥345 | 470~630 | ≥20 | — | — |
| 15CrMoR(2.25Cr1Mo) | 正火+回火 | ≥295 | 450~590 | ≥19 | ≥47($KV_2$) | 20 |
| 9Ni | 正火+正火+回火 | ≥490 | 640~930 | ≥18 | ≥40($KV_2$) | -196 |

15CrMo 与 ISO 标准中的 2.25Cr1Mo 类似，其碳、硫、磷含量低，含有 0.80%~1.20% 的 Cr 和 0.45%~0.60% 的 Mo，室温组织为珠光体组织，屈服强度范围为 255~295MPa，抗拉强度范围为 450~590MPa，见表 2-5。常用于制造热壁加氢反应器，长期在高温、高压、富氢条件下工作。

9Ni490 钢是一种含 Ni 量为 8.5%~10.0% 的低碳钢，由于 Ni 含量较高，室温组织为马氏体组织，具有很高的低温韧性，力学性能见表 2-5。能用于 -196℃ 以上的结构，并且与奥氏体不锈钢相比具有更高的强度，可用于制造贮存液化天然气的大型容器。

（8）典型合金钢的成分、组织及性能

不锈钢及耐热钢是常用合金钢，典型钢种包括奥氏体不锈钢、铁素体不锈钢、马氏体不锈钢、双相不锈钢、沉淀硬化型不锈钢，其中部分钢既可以做不锈钢用，也可以做耐热钢用。不锈钢及耐热钢的含碳量较低，一般不锈钢的含碳量低于耐热钢。主要合金系为 Cr-Ni，见表 2-6，Cr 的质量分数一般高于 12%~13%，对不锈耐酸钢来说，Cr 的质量分数高于 17%，进一步增加 Cr 及 Ni 的含量，可提高钢的耐腐蚀性及耐热性。该类钢一般用于制造耐腐蚀、耐高温的容器或结构。

表 2-6　典型合金钢的主要化学成分　　　　　　　　%（质量）

| 牌号 | 组织状态 | C | Si | Mn | P | S | Ni | Cr | Al |
|---|---|---|---|---|---|---|---|---|---|
| 12Cr18Ni9 | 奥氏体型 | 0.150 | 1.000 | 2.000 | 0.045 | 0.030 | 8.00~10.00 | 17.00~19.00 | — |
| 10Cr17 | 铁素体型 | 0.120 | 1.000 | 1.000 | 0.040 | 0.030 | — | 16.00~18.00 | — |
| 12Cr21Ni5Ti | 双相型 | 0.09~0.14 | 0.800 | 0.800 | 0.035 | 0.030 | 4.80~5.80 | 20.00~22.00 | — |
| 12Cr13 | 马氏体型 | 0.150 | 1.000 | 1.000 | 0.040 | 0.030 | — | 11.50~13.50 | — |
| 07Cr15Ni7Mo2Al | 沉淀硬化型 | 0.090 | 1.000 | 1.000 | 0.040 | 0.030 | 6.50~7.75 | 14.00~16.00 | 0.75~1.50 |

12Cr18Ni9（304）是典型的奥氏体钢，既可作为不锈钢，也可作为耐热钢用，是应用最广泛的不锈钢。其室温组织为奥氏体组织，如图 2-14 所示，无铁磁性，与一般低合金钢相比，电阻率高，导热系数低，耐腐蚀性能及热稳定性较好。力学性能见表 2-7，强度及硬度较低，塑性好。

图 2-14　304 固溶态微观组织

表 2-7　典型合金钢的主要力学性能

| 牌号 | 热处理状态 | 屈服强度/MPa | 抗拉强度/MPa | 断后伸长率/% | 硬度 |
|---|---|---|---|---|---|
| 12Cr18Ni9 | 固溶处理 | 205 | 515 | 40 | 210HV |
| 10Cr17 | 退火 | 205 | 450 | 22 | 200HV |
| 12Cr21Ni5Ti | 固溶处理 | 350 | 635 | 20 | — |
| 12Cr13 | 淬火+回火 | 205 | 450 | 20 | 210HV |
| 07Cr15Ni7Mo2Al | 固溶处理 | 450 | 1035 | 25 | 100HRC |

10Cr17 的铬含量高，不含 Ni，室温组织为铁素体型，退火态材料的强度较低，但塑性远低于奥氏体钢。同时具有导热系数大、膨胀系数小、抗氧化性好、抗应力腐蚀优良等特点，多用于制造耐大气、水蒸气、水及氧化性酸腐蚀的零部件。

12Cr21Ni5Ti 为双相不锈钢，兼有奥氏体和铁素体不锈钢的特点，与铁素体钢相比，塑性、韧性更高，无室温脆性，耐晶间腐蚀性能和焊接性能均显著提高，同时还保持有铁素体不锈钢的 475℃脆性以及高的导热系数，具有超塑性等特点。与奥氏体不锈钢相比，强度高且耐晶间腐蚀和耐氯化物应力腐蚀有明显提高。双相不锈钢具有优良的耐孔蚀性能，也是一种节镍不锈钢。

12Cr13 为典型马氏体不锈钢。淬火后硬度较高，不同回火温度具有不同强韧性组合，主要用于蒸汽轮机叶片、餐具、外科手术器械。

07Cr15Ni7Mo2Al 为沉淀硬化不锈钢，通过添加不同类型、数量的强化元素，析出不同类型和数量的碳化物、氮化物、碳氮化物和金属间化合物，形成沉淀硬化，既提高钢的强度又保持足够的韧性。

### 2.3.3　铝及铝合金的成分、组织及性能

（1）铝及铝合金的种类

纯铝是一种具有银白色金属光泽的金属，晶体结构为面心立方，无同素异构转变。铝的密度小，20℃时纯铝的密度为 2.698g/cm³，仅为钢的 1/3，液态时（700℃）密度为 2.38g/cm³，熔点 660.37℃，沸点 2467℃。纯铝在大气和淡水中具有良好的耐蚀性，但在碱和盐的水溶液中表面的氧化膜易破坏，使铝很快被腐蚀。另外，纯铝具有良好的低温性能，在 0 ~ −253℃之间无韧脆转变。但是，纯铝的强度很低，虽然可通过冷作硬化的方式强化，但不宜直接用作结构材料，一般用来做导线等。

根据铝合金的加工工艺特点，铝合金可分为变形铝合金及铸造铝合金两类，变形铝合金的合金系包括 Al-Mn、Al-Mg、Al-Cu-Mg、Al-Mg-Si-Cu 等，铸造铝合金的合金系包括 Al-Si、Al-Si-Mg、Al-Si-Cu、Al-Cu、Al-Mg 等。铝中加入合金元素后，可获得较高的强度，并保持良好的加工性能。铝合金的密度也很小，采用冷作硬化、热处理等手段强化后，可以达到与低合金高强钢相近的强度，因此其比强度较高。另外，铝及其合金具有优良的导电能力，磁化率极低，接近于非铁磁性材料。且材料表面易形成致密的保护膜，使其具有良好的抗大气腐蚀能力。退火状态的铝及铝合金的塑性很好，可通过冷加工、热加工工艺制成各种型材，如丝、线、箔、片、棒、管、板等，用来制造飞机、火箭、机车、化工装置与储存容器等。

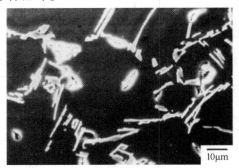

图 2-15　Al-7Si-0.55Mg 合金铸态显微组织

（2）典型铝合金的成分、组织及性能

Al-Si 系铸造铝合金的铸造性能好，线收缩小，流动性好，热裂倾向小，具有较高的抗蚀性和足够的强度，工程应用十分广泛。合金成分见表 2-8，在合金中加入 Cu、Mg 等元素后，形成强化相 $CuAl_2$（θ 相）、$Mg_2Si$（β 相）、$Al_2CuMg$（s 相），如图 2-15 中共晶 Si 呈针片状析出，可进一步提高铝合金的强度，其他力学性能见表 2-9。经过淬火和自然时效后，强度极限可提高，如 ZL108 的强度可提高到 200～260MPa，适用于强度和硬度要求较高的零件，如铸造内燃机活塞等。

Al-Mg、Al-Mg-Si 系合金焊接性好，常用于制造焊接结构。如 5A05 为 Al-Mg 系合金、6061 为 Al-Mg-Si 系合金，其成分见表 2-8，力学性能见表 2-9，常用于制造飞机蒙皮及骨架、客车车体等结构。

表 2-8　典型铝合金的主要化学成分　%（质量）

| 牌号 | Si | Cu | Mg | Zn | Mn | Fe | Cr | Al |
|------|-----|-----|-----|-----|-----|-----|-----|-----|
| ZL108 | 11.0～13.0 | 1.0～2.0 | 0.4～1.0 | — | 0.3～0.9 | — | — | 余量 |
| 5A05 | 0.50 | 0.50 | 4.8～5.5 | 0.20 | 0.30～0.60 | 0.50 | | 余量 |
| 6061 | 0.40～0.80 | 0.15～0.40 | 0.8～1.2 | 0.25 | 0.15 | 0.70 | 0.04～0.35 | 余量 |

表 2-9　典型铝合金的主要力学性能

| 牌号 | 状态 | 屈服强度/MPa | 抗拉强度/MPa | 断后伸长率/% | 硬度/HBW |
|------|------|------|------|------|------|
| ZL108 | 金属型铸造，人工时效 | — | 195 | — | 85 |
| 5A05 | 退火态 | 145 | 275 | 16 | — |
| 6061 | 退火态 | 85 | 150 | 14 | — |

### 2.3.4　铜及铜合金的成分、组织及性能

（1）铜及铜合金的种类

工业纯铜的牌号为 T1，其中常含有 0.1%～0.5% 的杂质，如铅、铋、氧、硫、磷等。工业纯铜表面形成氧化膜后呈紫色，故一般称为紫铜。铜为面心立方晶格，密度约为 8.9g/cm³，熔点为 1083℃。纯铜的最大优点是导电及导热性好，故纯铜的主要用途就是制作电工元件。纯铜的强度很低，软态铜的抗拉强度不超过 240MPa，但是具有极好的塑性，可以进行各种

形式的冷热压力加工。无氧铜的纯度也很高,其氧含量低于0.003%,包括TU1、TU2,主要用于制作真空器件及高导电性导线。

铜中加入合金元素后,可获得较高的强度,同时保持纯铜的某些优良性能。一般铜合金分黄铜、青铜和白铜三大类。黄铜为Cu-Zn合金,青铜原指Cu-Sn合金,另外含铝、硅、铅、铍、锰等的铜基合金也称为青铜,所以青铜实际上包括锡青铜、铝青铜、铍青铜等。白铜为Cu-Ni合金,普通白铜中加入锌、锰、铁等元素后分别叫做锌白铜、锰白铜、铁白铜。

铜合金可以采用铸造、锻造、挤压、深冲、拉拔、焊接、切削等方法加工。白铜主要用来制造精密电工仪器、精密电阻、应变片、热电偶等。黄铜可用于热交换器和冷凝器、低温管路、海底运输管的制造。锡青铜的铸造性能、减磨性能好和机械性能好,适合制造轴承、蜗轮、齿轮等。铅青铜是现代发动机和磨床广泛使用的轴承材料,铝青铜强度高,耐磨性和耐蚀性好,用于铸造高载荷的齿轮、轴套、船用螺旋桨等。

(2)典型铜合金的成分、组织及性能

普通黄铜是铜锌二元合金,含锌量在35%以下时,室温组织为单相的α固溶体(从H96至H65),金相组织如图2-16所示;含锌量超过46%~50%的黄铜,室温组织为β固溶体;含锌量在36%~46%范围内的黄铜,室温组织为(α+β)。α单相塑性好,β相硬脆,所以一般冷变形加工用单相黄铜,热变形加工用双相黄铜。H68是普通黄铜中应用最为广泛的一个品种,其化学成分和力学性能见表2-10和表2-11。有良好的塑性,退火态的断后伸长率大于

图2-16 H65黄铜的室温组织

40%,常用于复杂的冷冲件和深冲件,如散热器外壳、导管、波纹管、弹壳、垫片、雷管等。H68强度高,特硬态黄铜的抗拉强度大于570MPa。同时,切削加工性能好,易焊接,且具有较好的耐腐蚀能力。

表2-10 典型铜合金的主要化学成分　　　　　　　　　　　　　%(质量)

| 牌号 | Cu | Fe | Pb | Ni | Sn | Al | P | Si | Be | Zn | 杂质 |
|------|------|------|------|------|------|------|------|------|------|------|------|
| H68 | 67.0~70.0 | 0.1 | 0.03 | 0.5 | — | — | — | — | — | 余量 | 0.3 |
| HPb63-3 | 62.0~5.0 | 0.1 | 2.4~3.0 | 0.5 | — | — | — | — | — | 余量 | 0.75 |
| QSn6.5-0.4 | 余量 | 0.02 | 0.02 | 0.2 | 6.0~7.0 | 0.002 | 0.26~0.40 | — | — | 0.3 | 0.1 |

表2-11 典型铜合金的主要力学性能

| 牌号 | 状态 | 屈服强度/MPa | 抗拉强度/MPa | 断后伸长率/% |
|------|------|------|------|------|
| H68 | 软状态 | — | ≥294 | ≥40 |
| HPb63-3 | 半硬状态 | 310 | 420 | 18 |
| QSn6.5-0.4 | 软状态 | — | 370 | 76 |

锡青铜中锡含量低于12%时,组织为单相的α固溶体,超过以后出现δ相。铝青铜中铝含量低于7.4%时,组织为单相的α固溶体,超过后出现β相。QSn6.5-0.4为锡青铜,热处理态抗拉强度大于665MPa;QAl9-2为铝青铜,硬态抗拉强度大于585MPa。

铜镍之间彼此可无限固溶,不论彼此的比例为多少,均为单相 α 固溶体。B19 为工业常用结构白铜,镍含量约 19%,抗拉强度大于 295MPa、伸长率大于 20%;BMn40-1.5 为常用电工锰白铜,镍含量约 40%,含锰量约 1.0%~2.0%,抗拉强度大于 390MPa。

### 2.3.5 钛及钛合金的成分、组织及性能

(1) 钛及钛合金的种类

钛是银白色金属,熔点为 1668℃,密度为 4.5g/cm³。钛为同素异构体,低于 882℃时呈密排六方晶格结构,称为 α 钛;在 882℃以上呈体心立方晶格结构,称为 β 钛。钛具有质量轻、比强度高、韧性好、抗疲劳、导热系数低、耐高温等优点。同时,钛的电极电位低,钝化能力强,在常温下极易形成由氧化物和氮化物组成致密的与基体结合牢固的钝化膜,在大气及许多介质中非常稳定,在淡水和海水中具有极高的抗蚀性,室温下对不同浓度硝酸、铬酸均具有极高的稳定性,同时在碱溶液和大多数有机酸中的抗蚀性也很高,抗氧化能力优于大多数奥氏体不锈钢。因此,钛被广泛应用于航空、航天等高科技领域,并不断向化工、石油、电力、海水淡化、建筑、日常生活用品等行业推广。

利用钛的同素异构转变,添加适当的合金元素,使其相变温度及相含量逐渐改变,可得 α 钛合金、α+β 钛合金、β 钛合金。钛合金具有强度高、密度小、韧性高、抗蚀性能好,但是钛合金的工艺性差,切削加工困难,在热加工中非常容易吸收氢、氧、氮、碳等杂质。但是其抗磨性差,生产工艺复杂。钛合金主要用于制作飞机发动机压气机部件,火箭、导弹和高速飞机的结构件,发电站的冷凝器,石油精炼和海水淡化的加热器以及环境污染控制装置等。另外钛合金也是一种耐蚀结构材料、储氢材料和形状记忆合金。

(2) 典型钛合金的成分、组织及性能

典型钛合金如 TC4,其成分和力学性能见表 2-12 和表 2-13。图 2-17(a)为 TA15 的显微组织,由等轴和片状 α 相及晶间 β 相构成,图 2-17(b)为 TC4 在室温下的显微组织,由等轴的 α 相和层片状相间的 α+β 相构成的双相组织。该合金塑性好,容易锻造、压延和冲压成型,并可通过淬火和时效进行强化。既可用于低温结构件,也可用于高温结构件。常用来制造航空发动机压气机盘和叶片以及火箭液氢燃料箱部件等。

表 2-12 典型钛合金的主要化学成分 %(质量)

| 牌号 | Al | Mo | V | Fe | Si | Zr | B | Sn | Ti |
|------|------|------|------|------|------|------|------|------|------|
| TA7 | 4.0~6.0 | — | — | — | — | — | 0.005 | 2.0~3.0 | 余量 |
| TB3 | 2.7~3.7 | 9.5~11.0 | 7.5~8.5 | 0.8~1.2 | — | — | | | 余量 |
| TC4 | 5.5~6.8 | — | 3.5~4.5 | — | — | — | | | 余量 |
| TC11 | 5.8~7.0 | 2.8~3.8 | — | — | 0.20~0.35 | 0.8~2.0 | | | 余量 |

表 2-13 典型钛合金的主要力学性能

| 牌号 | 状态 | 屈服强度/MPa | 抗拉强度/MPa | 断后伸长率/% |
|------|------|------|------|------|
| TA7 | 退火 | 685 | 735~930 | 15 |
| TB5 | 800OC,6~20min,空冷 | 785 | 805 | 15.5 |
| TC4 | 退火 | 830 | ≥895 | 10 |
| TC11 | 双重退火 | 910 | ≥1030 | 8 |

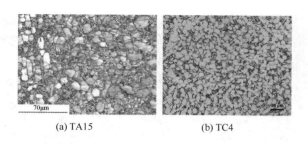

(a) TA15                    (b) TC4

图 2-17  钛合金的显微组织

# 2.4  无机非金属材料的结构及性能

无机非金属材料是以某些元素的氧化物、碳化物、氮化物、卤素化合物、硼化物以及硅酸盐、铝酸盐、磷酸盐、硼酸盐等物质组成的材料。无机非金属材料品种和名目极其繁多，用途各异。传统的无机非金属材料产量大，用途广，如陶瓷、玻璃、耐火材料、水泥等。新型无机非金属材料是 20 世纪中期以后发展起来的，具有特殊性能和用途的材料，主要有先进陶瓷、非晶态材料、人工晶体、无机涂层、无机纤维等。

## 2.4.1  陶瓷的结构及性能

陶瓷是由金属和非金属无机化合物所构成的多晶态物质，这些化合物中的原子(粒子)主要以共价键或离子键相结合。具有不可燃烧性、高耐热性、高化学稳定性、不老化性、高硬度和良好的抗压能力，但脆性很高，温度急变抗力很低，拉伸及弯曲性能差。

（1）常用陶瓷的主要成分

陶瓷材料的主要成分是氧化物、碳化物、氮化物、硅化物等。普通陶瓷由黏土($Al_2O_3 \cdot 2SiO_2 \cdot 2H_2O$)、长石($K_2O \cdot Al_2O_3 \cdot 6SiO_2$，$Na_2O \cdot Al_2O_3 \cdot 6SiO_2$)和石英($SiO_2$)为原料，经成型、烧结而成的陶瓷。除做日用陶瓷、瓷器外，大量用于电器、化工、建筑、纺织等工业部门。新型陶瓷一般含有氧化物(如 $Al_2O_3$、$ZrO_2$)、氮化物(如 $Si_3N_4$、Al)、碳化物(如 SiC、TiC)、硼化物(如 $TiB_2$、$ZrB_2$)、硅化物(如 $MoSi_2$)等，大量应用于耐磨、耐高温等领域。

陶瓷是使用最早的无机材料，其种类繁多。一般来说，按陶瓷的性质可分为土器、陶器和瓷器等；按用途可分为日用陶瓷、工业建筑陶瓷、艺术陶瓷和精密陶瓷等；按原料(是否为硅酸盐)可分为传统陶瓷和特种陶瓷；根据化学组成可分为氧化物陶瓷、碳化物陶瓷、氮化物陶瓷、硼化物陶瓷四类；按性能和用途，一般分为结构陶瓷和功能陶瓷。

（2）陶瓷的结构

陶瓷的结构比金属复杂得多，由晶体相、玻璃相和气相组成，不同类别的陶瓷有着不同的显微结构，而且各相的相对量变化很大，分布也不够均匀。

① 晶相  晶相是陶瓷材料中主要的组成相，如图 2-18 所示，是决定陶瓷材料物理化学性质的重要因素。晶相的键合主要是离子键，因此多数陶瓷的晶体结构，可以看成是由带电的离子组成，而不是由原子组成。晶相的键合强弱、疏密程度对陶瓷的强度影响特别显著。如 $Al_2O_3$ 晶体中，氧和铝以很强的离子键相结合，结构紧密，因此氧化铝陶瓷具有强度高、耐高温、绝缘性好、耐腐蚀等特性。

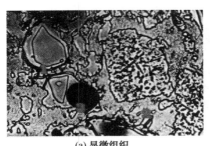
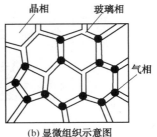

(a) 显微组织          (b) 显微组织示意图

图 2-18　陶瓷的组织

氧化物结构是由较大的非金属负氧离子构成离子晶体"骨架"，而较小的金属正离子填充其空隙内，并且当两离子数量相等时，构成最简单的面心立方晶格。MgO 与 NaCl、CaO、BeO 等碱金属卤化物的晶体结构均属最简单的面心晶体结构。然而，当氧离子数量多于金属离子时，氧离子则排成密排六方结构，金属离子占据其间隙位置上。$SiO_4$ 结构是由硅与氧离子形成的四面体结构。带有负电荷的硅氧四面体 $SiO_4$ 与金属 Mg 离子化合，形成被 $Mg^{2+}$ 隔离且互不连接的四面体镁橄榄石结构，$SiO_4$ 四面体还可以共顶无限连接形成双链式（或单链式）结构。高岭石 $Al_2O_3 \cdot 2SiO_2 \cdot 2H_2O$ 中的水分解出的羟基离子和铝离子结合在一起，并和 $SiO_4$ 四面体中未饱和氧离子结合，形成一个铝离子被邻近三个公共氧离子和羟基所包围的六节环硅氧层结构。

由于晶粒的取向是随机的，晶粒之间的晶界处必然存在晶格畸变、位错及应力。同时在陶瓷烧制结束后的冷却过程中，晶界上也会产生很大的热应力。晶界处应力的存在易造成晶界裂纹，从而大大降低陶瓷的断裂强度。所以，陶瓷的晶粒应尽可能小，以降低晶界处的应力水平。

② 玻璃相　玻璃相是当陶瓷高温烧结时，各组成物和杂质形成的一种非晶态固体物质。其主要作用是将瓷坯中分散的晶相黏结在一起，降低烧成温度，抑制晶粒长大及填充气孔空隙使陶瓷致密等。陶瓷的玻璃态结构与晶体结构相似，是由离子多面体构成的空间网络，只是其排列呈无规则状。

由于玻璃相熔点低，热稳定性差，较低温度下则会引起软化，机械强度低于晶相，并且因其结构疏松，常须在空隙中填充金属离子，致使陶瓷电绝缘性能降低，增加介电损耗。所以，工业陶瓷中的玻璃相一般控制在 20%~40% 范围内。

③ 气相　气相是指以孤立状态分布于玻璃相中，或以细小气孔存在于晶界或晶内的气体。气孔的存在对性能影响很大，可能由于气孔的存在产生应力集中，导致机械强度降低、脆性增加，并使介电损耗增大，抗电击穿强度下降。因此工业陶瓷力求气孔小、数量少，并分布均匀。一般要求陶瓷中气孔率在 5%~10%，且呈细密的球状、并均匀分布。

（3）陶瓷的性能

陶瓷材料的性能受许多因素的影响，波动范围很大，但存在一些共同的特征。

① 陶瓷的力学性能　材料的刚度由弹性模量衡量，而弹性模量反映结合键的强度，所以具有强大离子键的陶瓷都有很高的弹性模量，如表 2-14 所示，是各类材料中最高的，比金属高若干倍，比高聚物高 2~4 个数量级。

表 2-14　典型结构陶瓷材料的硬度和弹性模量

| 材料 | $Al_2O_3$ | MgO | $ZrO_2$ | BeO | SiC |
|---|---|---|---|---|---|
| 硬度（HV） | 2000 | 1220 | 1700 | 1520 | 2550 |
| $E/GPa$ | 390 | 250 | $160 \sim 241$ | 380 | 450 |

　　硬度也取决于键的强度，所以陶瓷也是各类材料中硬度最高的。例如，各种陶瓷的硬度多为 $1000 \sim 5000HV$，见表 2-14，淬火钢仅为 $500 \sim 800HV$，高聚物最硬不超过 20HV。

　　按照理论计算，陶瓷的强度应该很高，应为弹性模量的 $1/10 \sim 1/5$，但实际上一般只为其 $1/1000 \sim 1/100$，甚至更低。例如，窗玻璃的拉伸强度约为 70MPa，高铝瓷的拉伸强度约为 350MPa，均比其弹性模量低约 3 个数量级。陶瓷实际强度比理论值低得多的原因是其组织中存在晶界，它的破坏作用比在金属中更大。首先，晶界上原子间键被拉长，键强度被削弱，同时可能存在裂缝。所以，消除晶界的不良作用是提高陶瓷强度的基本途径。另外，陶瓷的实际强度受致密度、杂质和各种缺陷的影响也很大。如热压氮化硅陶瓷在致密度增大、气孔率近于零时，其强度可接近理论值。

　　陶瓷在室温下几乎没有塑性。陶瓷晶体的滑移系很少，位错运动所需的切应力很大，接近于晶体的理论抗剪强度。另外，共价键有明显的方向性和饱和性，而离子键的同号离子接近时斥力很大，所以主要由离子晶体和共价晶体构成的陶瓷塑性极差。不过在高温慢速加载的条件下，由于滑移系的增多，原子扩散能促进位错的运动，以及晶界原子的迁移，特别是组织中存在玻璃相时，陶瓷也能表现出一定的塑性，其塑性开始的温度约为 $0.5T_m$（$T_m$ 为熔点，单位为 K）。例如，$Al_2O_3$ 熔点为 1510K、$TiO_2$ 熔点为 1311K。由于开始塑性变形的温度很高，所以陶瓷都具有较高的高温强度。

　　陶瓷材料是非常典型的脆性材料，受载时不发生塑性变形就在较低的应力下断裂，因此韧性极低、脆性极高。陶瓷的冲击韧性常常在 $10kJ/m^2$ 以下，断裂韧性值也很低，大多比金属低一个数量级以上。

　　② 陶瓷的物理和化学性能　热膨胀是温度升高时物质原子的振动振幅增大、原子间距增大所导致的体积长大现象。热胀系数的大小与晶体结构和结合键强度密切相关。键强度高的材料热胀系数小；结构较紧密的材料的热胀系数较大。所以，陶瓷的线胀系数比高聚物低，比金属更低。

　　导热性是在一定温度梯度作用下，热量在固体中的传导速率。陶瓷的热传导主要依靠原子的热振动，由于没有自由电子的传热作用，陶瓷的导热性比金属的差。受陶瓷组成和结构的影响，一般热导率 $\lambda = 10^{-2} \sim 10^{-5}W/(m \cdot K)$。另外，陶瓷中的气孔对传热不利，所以陶瓷多为较好的绝热材料。

　　热稳定性为陶瓷在不同温度范围波动时的寿命，一般用急冷到水中不破裂所能承受的最高温度来表达。例如，日用陶瓷的热稳定性为 220℃。热稳定性与材料的线胀系数和导热性等有关。线胀系数大和导热性低的材料其热稳定性低；韧性低的材料其热稳定性也不高，所以陶瓷的热稳定性很低，比金属低得多，这是陶瓷的另一个主要缺点。

　　陶瓷的结构非常稳定。在以离子晶体为主的陶瓷中，金属原子为氧原子所包围，被屏蔽在其紧密排列的间隙中，很难再同介质中的氧发生作用，甚至在 1000℃ 以上的高温下也是如此，所以是很好的耐火材料。另外，陶瓷对酸、碱、盐等腐蚀性很强的介质均有较强的抵抗能力，与许多金属的熔体也不发生作用，所以也是很好的坩埚材料。

陶瓷的导电性变化范围很广，由于缺乏电子导电机制，大多数陶瓷是良好的绝缘体，但不少陶瓷既是离子导体，又有一定的电子导电性。许多氧化物，如 $ZnO$、$NiO$、$Fe_3O_4$ 等实际上是重要的半导体材料。

综上所述，陶瓷材料一般具有高强度、高硬度、良好的热稳定性及热强性、绝缘耐热等特点，因此广泛应用于要求具有高强度、耐磨、耐高温、绝缘等要求的环境。氧化铝陶瓷被广泛用作耐火材料，如耐火砖、坩埚、热偶套管、淬火钢的切削刀具、金属拔丝模、内燃机的火花塞、火箭、导弹的导流罩及轴承等。氮化硅陶瓷的强度高，硬度仅次于金刚石、碳化硼等，摩擦系数仅为 0.1~0.2，热膨胀系数小，抗热震性大大高于其他陶瓷材料，化学稳定性高。热压烧结氮化硅陶瓷用于形状简单、精度要求不高的零件，如切削刀具、高温轴承等。碳化硅陶瓷的最大特点是高温强度高，有很好的耐磨损、耐腐蚀、抗蠕变性能，其热传导能力很强，仅次于氧化铍陶瓷，用于制造火箭喷嘴、浇注金属的喉管、热电偶套管、炉管、燃气轮机叶片及轴承，泵的密封圈、拉丝成型模具等。氧化锆的导热率低，绝热性好，热膨胀系数大，接近于发动机中使用的金属，抗弯强度与断裂韧性高，可用做发动机汽缸内衬、推杆、活塞帽、阀座、凸轮、轴承等。

### 2.4.2 玻璃的结构及性能

玻璃是由二氧化硅和其他化学物质熔融在一起，并由熔融物冷却、硬化而得的非晶态固体。

（1）玻璃的主要成分

玻璃的主要成分是二氧化硅、三氧化二铝、氧化钙、氧化镁、氧化钠、氧化钾等物质，同时含有少量三氧化二铁、氧化亚铁、三氧化二铬等有害成分。二氧化硅的含量一般高于70%，三氧化二铝的含量介于1%~2.5%的范围，氧化钙含量为8%~10%，氧化镁含量为1.5%~4.5%，氧化钠、氧化钾的总含量为13%~15%。

二氧化硅为形成玻璃的主要组分，并使玻璃具有一定的强度、透明度且化学稳定性和热稳定性等。然而其熔点高、熔液黏度大，易造成熔化困难、热耗大，故生产玻璃时还需加入其他成分以改善这方面的状态。

氧化铝能够降低玻璃的析晶倾向，提高化学稳定性和机械强度，改善热稳定性，但当其含量过多时（大于5%），就会增高玻璃液的黏度，使熔化和澄清发生困难，反而增加析晶倾向，并易使玻璃原板上出现波筋等缺陷。

氧化钙能降低玻璃液的高温黏度，促进玻璃液的熔化和澄清。温度降低时，能增加玻璃液黏度，有利于提高引上速度。但含量增高时，会增加玻璃的析晶倾向，减少玻璃的热稳定性，提高退火温度。

氧化镁的作用与氧化钙类似，但没有氧化钙增加玻璃析晶倾向的缺点，因此可用适量氧化镁代替氧化钙。但过量则会出现透辉石结晶，提高退火温度，降低玻璃对水的稳定性。

氧化钠、氧化钾为良好的助溶剂，降低玻璃液的黏度，促进玻璃液的熔化和澄清，还能大大降低玻璃的析晶倾向，但会降低玻璃的化学稳定性和机械强度。

三氧化二铁能使玻璃着色，降低玻璃的透明度、透紫外线性能、透热性和机械强度，造成熔化澄清困难，并给玻璃的熔制品带来不良影响；三氧化二铬能较强烈地使玻璃着色，减少透明度，铬矿物颗粒能在玻璃原板上形成黑点；二氧化钛能提高玻璃的光折射和吸收紫外线性能。但是当三氧化二铁与二氧化钛超出一定含量比时，使玻璃组分中氧化铁的染色作用增强。

玻璃的品种很多，常按其组成、应用及性能等方式进行分类。一般玻璃按组成可分为元素玻璃、氧化物玻璃和非氧化物玻璃三类；按应用分类则分为建筑玻璃、日用轻工玻璃、仪器玻璃、光学玻璃、电真空玻璃等；按照玻璃的光学、热学、电学、力学、化学等特性，可分为光敏玻璃、声光玻璃、光色玻璃、高折射玻璃、低色散玻璃、反射玻璃、半透过玻璃、热敏玻璃、隔热玻璃、耐高温玻璃、低膨胀玻璃、高绝缘玻璃、导电玻璃、半导体玻璃、超导玻璃、高强玻璃、耐磨玻璃、耐碱玻璃、耐酸玻璃等。

（2）玻璃的结构

"玻璃结构"是指离子或原子在空间的几何配置以及它们在玻璃中形成的结构形成体。最早试图解释玻璃本质的是 G. Tamman 的过冷液体假说，认为玻璃是过冷液体，玻璃从熔体凝固为固体的过程仅是一个物理过程，即随着温度的降低，组成玻璃的分子因动能减小而逐渐接近，同时相互作用力也逐渐增加使黏度上升，最后形成堆积紧密的无规则的固体物质。随后有很多人做了大量工作，最有影响的近代玻璃结构假说有：晶子学说、无规则网络学说、凝胶学说、五角形对称学说、高分子学说等，其中能够最好地解释玻璃性质的是微晶学说和无规则网络学说。各种学说各有特点及其局限性，随着对玻璃性质及其结构研究的日趋深入，都在力图克服本身的局限。

微晶学说认为玻璃是由"微晶体"和无定形体两部分构成，"微晶体"分散在无定形介质中，从"微晶体"部分向无定形部分的过渡是逐步完成，两者无明显界线。"微晶体"不同于一般晶体，是极其微小、极度变形的晶体；在微晶体中心，质点排列较有规律，离中心越远，则变形程度越大。微晶学说强调玻璃结构的不均匀性、不连续性及有序性，成功地解释了硅酸盐玻璃折射率随温度变化规律、玻璃的 X 射线衍射图谱及红外光谱。

无规则网络学说则认为玻璃的近程有序与晶体相似，即形成氧离子多面体（如四面体），多面体间顶角相连形成三维空间连续的网络，但其排列是无序的，其结构如图 2-19 所示。无规则连续网络学说强调了玻璃结构的均匀性、连续性及无序性，成功地解释了玻璃的各向同性、介稳性、无固定熔点、物理性质随温度和组成的连续变化等基本特性。

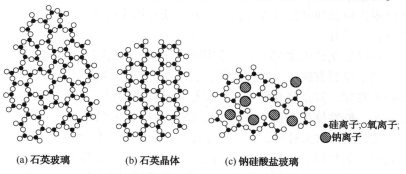

(a) 石英玻璃　　　(b) 石英晶体　　　(c) 钠硅酸盐玻璃

●硅离子；○氧离子；◎钠离子

图 2-19　无规则网络学说的玻璃结构模型示意图

（3）玻璃的性能

玻璃态物质具有各向同性、介稳性、无固定熔点的普遍特点，同时玻璃在工艺、物理、化学及力学特性方面，也有独特的特点。

① 玻璃熔体的工艺性　玻璃熔体的工艺性质指标主要包括黏度、表面张力、密度。黏度是指一定面积的两平行液面以一定的速度梯度移动时，所需克服的内摩擦阻力。表面张力指熔体表面层内存在着的相互吸引力。黏度、表面张力、密度均与玻璃的成分与温度紧密相关。

② 玻璃的物理、化学及力学特性 玻璃的热学性能包括热膨胀系数、导热性、比热容、热稳定性以及热后效应等，其中以热膨胀系数较为重要，其与玻璃制品的使用和生产都有着密切的关系。

由于不同的化学组成和工艺条件可使玻璃具有绝缘性、半导性，甚至良好的导电性，比如在常温下普通玻璃为绝缘材料，但是随着温度的升高，玻璃的导电性也迅速提高，特别是在转变温度以上，导电性能飞跃增加，达到熔融状态，玻璃变为良导体。另外含有过渡金属离子和稀土金属离子的氧化物玻璃一般具有磁性。例如，含 $Ti^{3+}$、$V^{4+}$、$Fe^{3+}$、$Co^{3+}$ 等氧化物的磷酸盐玻璃、硼酸盐玻璃、硅酸盐玻璃、铝硅酸盐或氟化物玻璃都具有磁性，而且是一种强磁性物质。

玻璃是一种高度透明的物质，可以通过调整成分、着色、光照、热处理、光化学反应以及涂膜等物理和化学方法，获得一系列重要的光学性能，以满足各种光学材料对特定的光学性能和理化性能的要求。

玻璃具有较高的化学稳定性，常用于制造包装容器，盛装食品、药液和各种化学制品。在实验室以及化学工业的生产过程中，也广泛采用玻璃设备，如玻璃仪器、玻璃管道、耐酸泵、化学反应锅等。

玻璃是一种脆性材料，其机械强度可用耐压、抗折、抗张、抗冲击强度等指标表示。玻璃之所以得到广泛应用，原因之一就是它的耐压强度高，硬度也高。由于它的抗折和抗张强度不高，且脆性较大，使得玻璃的应用受到一定的限制。为了改善玻璃的这些性能，可采用退火、钢化(淬火)、表面处理与涂层、微晶化、与其他材料制成复合材料等方法，可使玻璃的抗折强度成倍甚至数几倍地增加。

### 2.4.3 耐火材料的结构及性能

耐火度是材料在无荷重时抵抗高温作用而不熔化的性能，耐火度不低于1580℃的无机非金属材料称为耐火材料。耐火材料种类繁多，通常按耐火度高低分为普通耐火材料(1580~1770℃)、高级耐火材料(1770~2000℃)和特级耐火材料(2000℃以上)；按化学特性分为酸性耐火材料、中性耐火材料和碱性耐火材料。此外，还有用于特殊场合的耐火材料。

(1) 耐火材料的成分

酸性耐火材料以氧化硅为主要成分，常用的有硅砖和黏土砖。硅砖是含氧化硅94%以上的硅制品，使用的原料有硅石、废硅砖等，其抗酸性炉渣侵蚀能力强，荷重软化温度高，重复煅烧后体积不收缩，甚至略有膨胀；但其易受碱性渣的侵蚀，抗热震性差。硅砖主要用于焦炉、玻璃熔窑、酸性炼钢炉等热工设备。黏土砖以耐火黏土为主要原料，含有30%~46%的氧化铝，属弱酸性耐火材料，抗热振性好，对酸性炉渣有抗蚀性，应用广泛。

中性耐火材料以氧化铝、氧化铬或碳为主要成分。含氧化铝95%以上的刚玉制品是一种用途较广的优质耐火材料。以氧化铬为主要成分的铬砖对钢渣的耐蚀性好，但抗热震性较差，高温荷重变形温度较低。碳质耐火材料有碳砖、石墨制品和碳化硅制品，其热膨胀系数很低，导热性高，耐热震性能好，高温强度高，抗酸碱和盐的侵蚀，尤其是对弱酸碱具有较好的抵抗能力，不受金属和熔渣的润湿，质轻。广泛用作高温炉衬材料，也用作石油、化工的高压釜内衬。

碱性耐火材料以氧化镁、氧化钙为主要成分，常用的是镁砖。含氧化镁80%~85%以上的镁砖，对碱性渣和铁渣有很好的抵抗性，耐火度比黏土砖和硅砖高。主要用于平炉、吹氧转炉、电炉、有色金属冶炼设备以及一些高温设备上。

在特殊场合应用的耐火材料有高温氧化物材料，如氧化铝、氧化镧、氧化铍、氧化钙、氧化锆等，难熔化合物材料，如碳化物、氮化物、硼化物、硅化物和硫化物等；高温复合材料，主要有金属陶瓷、高温无机涂层和纤维增强陶瓷等。

（2）耐火材料的结构

耐火材料的矿物组成一般分为主晶相和基质两大类，如图2-20所示。主晶相是指构成制品结构的主体且熔点较高的晶相，主晶相的性质、数量和结合状态直接决定着材料的性能。基质是在耐火制品主晶相之间填充的结晶矿物或玻璃相，其数量不大，但成分、结构复杂，作用明显，往往对制品的某些性能有着决定性的影响，在使用的过程中，基质往往首先破坏，调整和改变基质可以改善材料的使用性能。

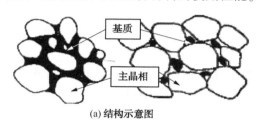 

(a) 结构示意图          (b) 氧化铝

图 2-20　耐火材料的显微组织

普通耐火材料在常温下是由固相和气孔构成的非均质体。气孔既可分布于耐火材料晶体的晶格、晶粒和大颗粒内部，又可分布于基质中，还可存在于晶粒或大颗粒间以及晶粒与基质界面之间，如图2-21所示。耐火材料的这种组织结构直接影响其气孔率、吸水率、体积密度、透气度、强度、热导率及抗热震性等指标和性能。

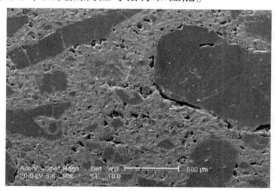

图 2-21　耐火材料中的气孔

（3）耐火材料的性能

耐火材料一般具有良好的耐火度、耐热震、耐高温蠕变、高温稳定性及抗渣蚀的能力，线胀系数低，体积稳定性好，同时强度高、耐磨、耐气流及粒子冲击，但是脆性较大。常温下多数耐热材料为绝缘材料，随着温度升高导电性能将发生改变。

① 热学特性　在常温到1000℃的范围内，耐火材料的平均线膨胀系数约为$(4 \sim 15) \times 10^{-6}$℃，平均线膨胀系数排序为：碳化硅制品<硅铝系制品<碱性制品<硅砖制品。热膨胀性及晶体构成材料的热膨胀性及晶体中化学键的性质和键强有关。如石英玻璃是由硅氧四面体构成网络，正负离子间键强大，线膨胀系数仅为$0.54 \times 10^{-6}$℃。耐火材料的热导率取决于化

学组分、杂质含量、晶体结构及温度。一般化学组分及晶体结构越复杂、杂质含量越多、温度越低，热导率越小。而其比热容随温度的升高而增大。

耐火材料的耐火度高，特种耐火材料的熔点几乎都在2000℃以上，最高的碳化铪（HfC）和碳化钽（TaC）为3887℃和3877℃。在氧化气氛中，氧化物的使用温度接近熔点，氮化物、硼化物、碳化物在中性或还原性气氛中的使用温度比氧化物更高，例如TaC在$N_2$气氛中可使用到3000℃，BN在Ar气氛中工作温度可达2800℃。就耐高温性能而言，碳化物＞硼化物＞氮化物＞氧化物；而其高温抗氧化性能力则为：氧化物＞硼化物＞氮化物＞碳化物。

② 力学特性　耐火材料的常温耐压强度通常可以反映生产中工艺制度的变动，一般高于50MPa。高耐压强度表明制品的成型坯料加工质量、成型坯体结构的均一性及砖体烧结情况良好。高温耐压强度则反映了耐火材料在高温下结合状态的变化。耐火材料的抗折强度包括常温抗折强度和高温抗折强度，分别是指常温和高温条件下，耐火材料单位截面积上所能承受的极限弯曲应力。

耐磨性是耐火材料抵抗坚硬物料、含尘气体磨损作用（摩擦、剥磨、冲击等）的能力。耐磨性是耐火材料在使用过程中，受其他介质磨损作用较强的工作环境下，评价和选用耐火材料制品的性质指标。如高炉炉身、焦炉碳化室、高温固体颗粒气体输送管道等所用耐火材料的选用，需要根据耐磨性指标对各种耐火材料制品进行遴选。耐磨性取决于耐火材料颗粒本身的强度和硬度、构成制品的粒度组成、制品的致密度、颗粒间的结合强度高，以及制品的化学矿物组成、宏观结构、微观组织结构及工作温度。

高温窑炉的使用寿命有的长达几年，甚至十几年。耐火材料的高温损毁并不是因强度原因破坏，而是高温、强度、时间三者综合作用的结果。例如，热风炉的格子砖经长时间的高温工作，特别是下部的砖体在荷重和高温的作用下，砖体逐渐软化产生塑性变形，强度下降直至破坏；特别是因温度、结构的不均匀，部分砖体塑性变形严重，会导致窑炉构筑体的整体性破坏。高温蠕变技术指标，反映了耐火材料在长时间、荷重、高温等条件下工作的体积稳定性。除使用温度外，材料材质与组织结构（如化学矿物组成，宏观、显微的组织结构）是决定高温蠕变性能的重要因素。如玻璃相增多，蠕变可能性会增大。

③ 电学性质　耐火材料通常在室温下是电的不良导体，随温度升高，电阻减小，导电性增强。若将材料加热至熔融状态，则会呈现较强的导电能力。某些耐火材料具有导电性，如含碳耐火制品具有导电性，而二氧化锆制品在高温下也具有较好的导电性，可以作为高温下的发热体。

### 2.4.4　水泥的结构及性能

凡细磨成粉末状，加入适量水后可成为塑性浆体，既能在空气中硬化，又能在水中继续硬化，并能将砂石等材料胶结在一起的水硬性胶凝材料通称为水泥。

水泥的种类很多，按其用途和性能，可分为通用水泥、专用水泥和特性水泥三大类。通用水泥为用于大量土木建筑工程一般用途的水泥，如硅酸盐水泥、普通硅酸盐水泥、矿渣硅酸盐水泥、火山灰硅酸盐水泥、粉煤灰硅酸盐水泥和复合硅酸盐水泥；专用水泥则指有专门用途的水泥，如油井水泥、砌筑水泥、道路水泥等；特性水泥是指某种性能比较突出的水泥，如抗硫酸盐硅酸盐水泥、低热硅酸盐水泥等。也可按其组成分为硅酸盐水泥、铝酸盐水泥、硫铝酸盐水泥、铁铝酸盐水泥、氟铝酸盐水泥等。

硅酸盐水泥熟料主要由氧化钙、二氧化硅、氧化铝、氧化铁四种氧化物组成，通常在熟料中占94%左右。同时，含有约5%的少量其他氧化物，如氧化镁、硫酐、氧化钛、五氧化二磷以及碱（$K_2O$ 和 $Na_2O$）等。

水泥主要由凝胶体、晶体、空隙、水、空气及为水化的水泥颗粒等组成，存在固相、液相和气相，如图 2-22 所示。硬化后的水泥是一种多孔性物质，其结构特点对性能影响很大。

水泥的物理特性包括细度、凝结时间、体积安定性，强度为其力学性能指标。

细度指水泥颗粒的粗细程度。对水泥的水化硬化速度、需水量、和易性、放热速度、特别是对强度有很大的影响。在一般条件下，水泥颗粒在 $0 \sim 10\mu m$ 时，水化最快，在 $3 \sim 30\mu m$ 时，水泥的活性最大。

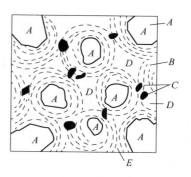

图 2-22　硬化水泥的结构
A—未水化的水泥颗粒；
B—孔隙；C—晶体；D—凝胶体

凝结时间是指水泥从加水开始，到水泥浆失去塑性的时间。硅酸盐水泥初凝时间不小于 45min，终凝时间不迟于 6.5h。实际上初凝时间在 $1 \sim 3h$，而终凝为 $4 \sim 6h$。

体积安定性指水泥在硬化过程中体积变化的均匀性能。若水泥硬化后体积变化不稳定、不均匀，会导致混凝土产生膨胀破坏，造成严重的工程质量事故。水泥中由于熟料煅烧不完全而存在的游离 $CaO$ 与 $MgO$，加入过多的石膏等，水化活性小，若在水泥硬化后水化，则产生体积膨胀，使得硬化水泥石产生弯曲、裂缝甚至粉碎性破坏。

水泥强度是表示水泥力学性能的一项重要指标，是评定水泥强度等级的依据。硅酸盐水泥分为 42.5、42.5R、52.5、52.5R、62.5、62.5R 等 6 个强度等级，各强度等级水泥在各龄期的强度值不得低于标准规定的抗压强度及抗折强度的数值，见表 2-15。

表 2-15　硅酸盐水泥的强度指标（依据 GB 175—2007）

| 强度等级 | 抗压强度/MPa | | 抗折强度/MPa | |
|---|---|---|---|---|
| | 3d | 28 | 3d | 28 |
| 42.5 | 17.0 | 42.5 | 3.5 | 6.5 |
| 52.5 | 23 | 52.5 | 4.0 | 7.0 |
| 62.5 | 28 | 62.5 | 5.0 | 8.0 |

水化热指水泥与水作用产生的热量。水化热高的水泥不得用在大体积混凝土工程中，否则会使混凝土的内部温度大大超过外部，从而引起较大的温度应力，使混凝土表面产生裂缝，严重影响混凝土的强度及其他性能。

# 2.5　高分子材料的结构及性能

高分子材料也称为聚合物材料，是以高分子化合物为基体，再配有其他添加剂（助剂）所构成的材料。它是由许多相同的、简单的结构单元，通过共价键重复连接而成，相对分子质量一般高达 $10^4 \sim 10^6$。高分子材料又称为聚合物、高聚物或高分子树脂。

## 2.5.1　高分子材料的组成

高分子材料包括橡胶、塑料、纤维、涂料、胶黏剂等几大类，其原材料有天然高分子材料和合成高分子材料，这些材料的主要构成元素为 C、N、O、Si、S、P、As、Se 等。根据构成元素的特点可将高分子材料分为碳链高分子、杂链高分子、元素有机高分子、无机高分子。

碳链高分子材料的主链（链原子）完全由 C 原子组成，碳原子间以共价键连接。如聚苯乙烯、聚乙烯、聚丙烯等，它们大多由加聚反应制得，具有良好的可塑性，容易加工成型。但因 C—C 键的键能较低（$347kJ \cdot mol^{-1}$），故耐热性差，容易燃烧，易老化，不宜在苛刻条件下使用。

杂链高分子材料的主链原子除碳原子外，还有氧、氮、硫等杂原子，原子间均以共价键相连接。如聚酯、聚酰胺、聚醚、聚硫橡胶、酚醛树脂等。杂链高分子多是通过缩聚反应制得的，其强度和耐热性都比碳链高分子高，但因其主链带有极性，故较易水解、醇解或酸解。

元素有机高分子材料的主链原子不含碳元素，主要由硅、硼、铝、氧、氮、硫、磷等原子组成，但侧基却由有机基团组成，如甲基、乙基、乙烯基等。它兼有无机物的热稳定性和有机物的弹塑性。其典型代表是聚二甲基硅氧烷，也称为硅橡胶，既具有橡胶的高弹性，硅氧键又赋予其优异的高低温使用性能。

无机高分子材料的主链上不含碳元素，也不含有机取代基。具有代表性的例子是聚氯化磷腈（聚二氯氮化磷）。该材料因富有高弹性而被称为膦腈橡胶。无机高分子材料的最大特点是耐高温性能好，但化学稳定性较差，力学强度也较低。

### 2.5.2　高分子材料的结构

聚合物的相对分子质量巨大，分子形状特殊，又具有分散性，故其结构比低分子材料复杂得多，其材料性能也具有独自的规律。聚合物材料的结构可以分为三个层次（图 2-23）：一是聚合物链的近程结构（又称为化学结构），表示单个聚合物分子链结构单元的化学组成及立体结构，是决定材料的熔点、密度、溶解性、黏度及黏附性的根本原因；二是聚合物分子链的远程结构（又称为构象结构），主要是指聚合物分子的大小和大分子链在空间呈现的各种几何构象，该结构特性使得聚合物具有高弹性；三是聚合物凝聚态结构，表示均相体系的凝聚态结构和多相体系的组态结构（共混态等），是决定聚合物使用性能的因素。

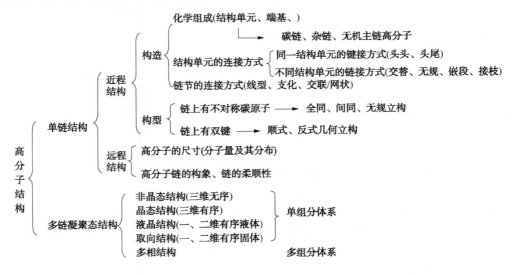

图 2-23　高分子材料的结构

（1）聚合物分子链的近程结构

聚合物分子链结构单元的化学组成是由参与聚合的单体化学组成和聚合方式来决定的。

由一种单体构成的高分子材料为均聚物，由两种或两种以上的单体构成的高分子材料为共聚物。

结构单元的立体构型是指分子链中由化学键所固定的原子在空间的几何排列。这种排列是化学稳定的，要改变分子的构型必须经过化学键的断裂和重建。

均聚物的键接方式是指结构单元在分子链中的连接形式。结构单元对称的高分子，如聚乙烯，其结构单元的键接方式只有一种。带有不对称取代基的单烯类单体（$CH_2$＝$CHR$）聚合生成高分子时，其结构单元的键接方式则可能有头–头、头–尾、尾–尾三种不同方式。多数自由基聚合生成的高分子采取头–尾键接，并夹杂少量（约1%）头–头或尾–尾键接方式。

共聚物中单体分子的排布方式不同，可形成无规共聚物、交替共聚物、嵌段共聚物和接枝共聚物四种结构的异构体。ABS树脂是丙烯腈、丁二烯、苯乙烯三元共聚物，其中既有无规共聚，又有接枝共聚，具有多种序列结构形式。

（2）高分子链的远程结构

高分子链的远程结构主要是指高分子的相对分子质量及相对分子质量分布，以及整链在空间呈现的各种几何构象，即高分子链的大小和形态。

高分子链在单键内旋转作用下可以产生各种可能的形态，如伸直链、无规线团、折叠链、螺旋链等。高分子的构象是由分子内热运动引起的物理现象，是不断改变的，具有统计性质。

由于聚合反应过程的统计特性，所有合成高分子及大多数天然高分子都是具有不同分子链长同系物的混合物，只能用统计平均值来表示相对分子质量分布。分子量对高聚物材料的力学性能以及加工性能有重要影响，如聚合物的分子量或聚合度只有达到一定数值后，才能显示出适用的机械强度。

（3）高分子材料的凝聚态结构

凝聚态结构指高聚物分子链之间的几何排列和堆砌结构，包括晶态结构、非晶态结构、取向态结构、液晶态结构以及共混态。

若高分子链为无规线团状，杂乱无序地交叠在一起，其形态被称为非晶态结构，如玻璃态热固性塑料和高弹态橡胶均为非晶态结构。

若分子链三维有序则可形成结晶态结构。根据结晶条件不同，又可形成单晶、球晶、伸直链晶片、纤维状晶片和串晶等多种形态的晶体。结晶度对材料的物理特性、力学特性都有明显影响，一般是结晶度越大，聚合物的屈服强度、弹性模量和硬度越高。在外力作用下，分子链、链段及结晶聚合物的晶片沿外力方向择优排列，此时凝聚态结构为取向态结构。取向后材料呈现各相异性，使用温度提高，密度、玻璃化温度、结晶度提高。

当晶态结构受热熔融或被溶剂溶解之后，形成一种兼有部分晶体和液体性质的过渡状态，这种中介状态称为液晶态，包括液晶小分子和液晶高分子。大多数的小分子液晶是长棒状或长条状。液晶高分子是由小分子液晶基元（高分子液晶中具有一定长宽比的结构单元）键合而成的，其液晶基元可以处于主链或侧链，从而形成主链型及侧链型液晶。液晶态高分子具有特殊的流变特性及光学特性，在防弹衣、显示器领域有独特作用。

两种或两种以上高分子材料的物理混合物状态称为高分子材料的共混态，分散形态主要为岛状结构和两相互锁结构。岛状结构的分散相以不同的形状、大小散布在连续相之中。通常混溶性越好，分散越均匀，两相的结合力就越强。两相互锁结构是指共混体中的两相均为连续相，形成交错性网状结构，两相互相贯穿，均连续性地充满全部试样。互锁程度取决于两相的混溶性，一般混溶性越好，两相作用越强，两相互锁结构的相畴就越小。

### 2.5.3 高分子材料的性能

高分子材料的拉伸强度平均为 100MPa，如表 2-16 所示，比金属材料低得多，即使是玻璃纤维增强的尼龙，其拉伸强度也只有 200MPa。但是高分子材料的密度小，只有钢的 1/6~1/4，所以其比强度较高。

表 2-16 橡胶的性能与用途

| 名　　称 | 抗拉强度/MPa | 伸长率/% | 使用温度/℃ | 特　征 |
|---|---|---|---|---|
| 天然橡胶 | 25~30 | 650~900 | -50~110 | 高强、绝缘、防震 |
| 丁苯橡胶 | 15~20 | 500~800 | -50~140 | 耐磨 |
| 顺丁橡胶 | 18~25 | 450~800 | -80~120 | 耐磨、耐寒 |
| 氯丁橡胶 | 25~27 | 800~1000 | -35~130 | 耐酸碱、阻燃烧 |

高弹性和低弹性模量是高分子材料所特有的性能。橡胶是典型的高弹性材料，其弹性变形率为 100%~1000%，弹性模量仅为 1MPa 左右。为了防止橡胶产生塑性变形，采用硫化处理，使分子链交联成网状结构。随着硫化程度的增加，橡胶的弹性降低，弹性模量增大。

高聚物在外力作用下，同时发生高弹性变形和黏性流动，其变形与时间有关，此种现象称为黏弹性。高聚物的黏弹性表现为蠕变、应力松弛和内耗三种现象。

对于尺寸精度要求高的高聚物零件，为了避免因蠕变而早期失效，应选蠕变抗力高的材料，如聚砜、聚碳酸酯等。应力松弛与蠕变的本质相同，例如，连接管道的法兰盘中间的硬橡胶密封垫片，经一定时间后由于应力松弛而失去密封性。

高聚物的硬度比金属的低，但耐磨性一般比金属高，尤其塑料更为突出。塑料的摩擦因数小，有些塑料具有自润滑性能，可在干摩擦条件下使用，所以广泛使用塑料制造轴承、轴套、凸轮等摩擦磨损零件。但橡胶则相反，因其摩擦因数大，适宜制造要求较大摩擦因数的耐磨零件，如汽车轮胎、制动摩擦件等。

高聚物是以共价键结合，不能电离，其内部没有离子和自由电子，故其导电能力低、介电常数小、介电耗损低、耐电弧性好，即绝缘性好。因此，高分子材料如塑料、橡胶等是电机、电器、电力和电子工业中必不可少的绝缘材料。

高聚物在受热过程中容易发生链段运动和整个分子链运动，导致材料软化和熔化，使性能变坏，故其耐热性差。

高分子材料内部无自由电子，而且分子链相互缠绕在一起，受热不易运动，故其导热性差，约为金属的 1/100~1/1000。对要求散热的摩擦零件，导热性差是缺点。例如，汽车轮胎因橡胶的导热性差，其内耗产生的热量不易散发，引起温度升高而加速老化。但在有些情况下，导热性差又是优点，如使机床的塑料手柄、汽车的塑料转向盘握感良好。另外，塑料和橡胶热水袋可以保温，火箭、导弹可用纤维增强塑料作隔热层等。

高分子材料的热膨胀性大，约为金属的 3~10 倍。在使用带有金属嵌件或金属件紧密配合的塑料或橡胶制品时，常因线膨胀系数相差过大而造成开裂、脱落和松动等，需要在设计制造时予以注意。

高分子化合物均以共价键结合，不易电离，没有自由电子，又由于分子链缠绕在一起，许多分子链的基因被包裹在里面，使高分子材料的化学稳定性好，在酸、碱等溶液中表现出优异的耐蚀性能。被称为"塑料王"的聚四氟乙烯化学稳定性最好，即使在高温下与浓酸、浓碱、有机溶液、强氧化剂等介质相接触，对其均不起作用，甚至在沸腾的"王水"中也不受腐蚀。

除了上述使用性能之外，高分子材料还具有良好的可加工性，尤其在加温加压下的可塑成型性能极为优良，可以塑制成各种形状的制品。另外，还可以通过铸造、冲压、焊接、粘接和切削加工等方法制成各种制品。

# 2.6　复合材料的结构及性能

复合材料指由两种或两种以上物理和化学性质不同的物质，组合而成的一种多相固体材料。在复合材料中，通常有一相为连续相，称之为基体；另一相为分散相，称为增强材料。复合材料根据基体材料类型可分为金属基复合材料、聚合物基复合材料及无机非金属基复合材料；根据增强纤维类型可分为碳纤维复合材料、玻璃纤维复合材料、有机纤维复合材料、硼纤维复合材料及混杂纤维复合材料；根据增强材料的外形可分为连续纤维增强复合材料、纤维织物或片状材料增强复合材料、短纤维增强复合材料及粒状填料复合材料；根据基体材料与增强材料的差异可分为同质复合的复合材料及异质复合的复合材料；按用途可分为结构复合材料与功能复合材料两大类。结构复合材料指以承受载荷为主要目的，作为承力结构使用的复合材料；功能复合材料指具有除力学性能以外其他物理性能的复合材料，即具有各种电学、磁学、光学、热学、声学、摩擦、阻尼性能以及化学分离性能等的复合材料。

## 2.6.1　金属基复合材料的组成、结构及性能

金属基复合材料是以金属及其合金为基体，与一种或几种金属或非金属增强相人工结合成的复合材料。多种金属及其合金可用作基体，常用的主要有铝、镁、钛、镍及其它们的合金，其增强材料的种类和形态也是多种多样，即可以是连续纤维和短纤维，亦可以是颗粒、晶须等。常用的增强纤维材料主要有：硼纤维、碳（石墨）纤维、碳化硅纤维、氧化铝纤维、以及钨丝、铍丝、钼丝、不锈钢丝等金属丝；陶瓷颗粒（如碳化硅颗粒、氧化铝颗粒和碳化硼颗粒）；晶须（如碳化硅晶须、氮化硅晶须和碳化硼晶须）等，如图2-24所示。

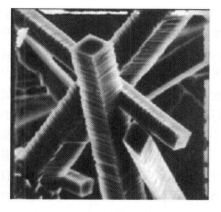

图2-24　SiC晶须

金属基复合材料与聚合物基复合材料相比，具有工作温度高、横向力学性能好、层间剪切强度高、耐磨损、导电和导热、不吸湿、不老化、尺寸稳定、可采用金属的加工方法等优点。由于技术上有一定难度，工艺比较复杂，价格较贵，起初仅用在要求材料比强度、比模量高、尺寸稳定和具有某些特殊性能的航天、航空等部门。随着科学技术的发展，近些年来开发了新的制造工艺和廉价的增强体（如碳化硅颗粒、陶瓷短纤维等），金属基复合材料才开始应用于民用工业部门。

金属基复合材料的性能取决于所选用金属或合金基体和增强物的特性、含量、分布等，通过优化组合可获得高比强度、高比模量、耐热、耐磨等综合性能。

金属基复合材料具有高比强度、高比模量。由于在金属基体中加入了适量的高强度、高模量、低密度的纤维、晶须、颗粒等增强物，特别是高性能连续纤维——硼纤维、碳（石墨）纤维、碳化硅纤维等增强物，明显提高了复合材料的比强度和比模量，见表2-17。加入

30%~50%高性能纤维作为复合材料的主要承载体，金属基复合材料的比强度、比模量可成倍提高，如碳纤维的最高强度可达到7000MPa，碳纤维/铝合金复合材料比铝合金强度高出10倍以上。

表2-17 金属与纤维增强复合材料性能比较

| 材料 \ 性能 | 密度/<br>(g/cm³) | 抗拉强度/<br>$10^3$MPa | 弹性模量/<br>$10^3$MPa | 比强度/<br>$10^4$(N·m·kg$^{-1}$) | 比模量/<br>$10^4$(N·m·kg$^{-1}$) |
|---|---|---|---|---|---|
| 钢 | 7.8 | 1.03 | 2.1 | 0.13 | 27 |
| 铝 | 2.8 | 0.47 | 0.75 | 0.17 | 27 |
| 玻璃钢 | 2.0 | 1.06 | 0.4 | 0.53 | 20 |
| 高强碳纤维-环氧 | 1.45 | 1.5 | 1.4 | 1.03 | 97 |
| 硼纤维-铝 | 2.65 | 1.0 | 2.0 | 0.38 | 75 |

金属基复合材料具有良好的导热、导电能力。金属基复合材料中金属基体占有很高的体积百分比，一般在60%以上，因此仍保持了金属所具有的良好导热和导电性。这对尺寸稳定性要求高的构件和高集成度的电子器件尤为重要。

在金属基复合材料中采用高导热性的增强物，还可以进一步提高金属基复合材料的导热系数，使复合材料的热导率比纯金属基体还高。若采用超高模量石墨纤维、金刚石纤维、金刚石颗粒增强的铝基、铜基复合材料，其导热率比纯铝、铜还高，用它们制成的集成电路底板和封装件，可有效迅速地把热量散去，提高集成电路的可靠性。

金属基复合材料的热膨胀系数小、尺寸稳定性好。金属基复合材料中所用的增强物碳纤维、碳化硅纤维、晶须、颗粒、硼纤维等均具有很小的热膨胀系数，又具有很高的模量，特别是高模量、超高模量的石墨纤维具有负的热膨胀系数。加入相当含量的增强物，不仅可以大幅度地提高材料的强度和模量，也可以使其热膨胀系数明显下降，并可通过调整增强物的含量获得不同的热膨胀系数，以满足各种工况要求。例如，石墨纤维增强镁基复合材料，当石墨纤维含量达到48%时，复合材料的热膨胀系数为零，即使用这种复合材料做成的零件不发生热变形，这对人造卫星构件特别重要。

金属基复合材料具有良好的高温性能。由于金属基体的高温性能比聚合物高很多，增强纤维、晶须、颗粒在高温下又都具有很高的高温强度和模量。因此金属基复合材料具有比金属基体更高的高温性能，特别是连续纤维增强金属基复合材料，在复合材料中纤维起着主要承载作用，纤维强度在高温下基本不下降，纤维增强金属基复合材料的高温性能可保持到接近金属熔点，并比金属基体的高温性能高许多。因此，金属基复合材料被选用在发动机等高温零部件上，可大幅地提高发动机的性能和效率。总之，金属基复合材料制成的零构件可比金属材料、聚合物基复合材料制成的零件能在更高的温度条件下使用。

金属基复合材料，尤其是陶瓷纤维、晶须、颗粒增强金属基复合材料具有很好的耐磨性。这是因为在基体金属中加入了大量的陶瓷增强物，特别是细小的陶瓷颗粒，陶瓷材料具有硬度高、耐磨、化学性能稳定的优点，用它们来增强金属不仅提高了材料的强度和刚度，也提高了复合材料的硬度和耐磨性。SiC/Al复合材料的高耐磨性在汽车、机械工业中有很广的应用前景，可用于汽车发动机、刹车盘、活塞等重要零件，能明显提高零件的性能和寿命。

金属基复合材料的疲劳性能和断裂韧性，取决于纤维等增强物与金属基体的界面结合状态，增强物在金属基体中的分布以及金属、增强物本身的特性。特别是最佳的界面状态既可有效地传递载荷，又能阻止裂纹的扩展，提高材料的断裂韧性。据美国宇航公司报道 C/Al 复合材料的疲劳强度与拉伸强度比为 0.7 左右。

金属基复合材料性质稳定、组织致密，不存在老化、分解、吸潮等问题，也不会发生性能的自然退化，这比聚合物基复合材料优越，在空间使用不会分解出低分子物质污染仪器和环境，有明显的优越性。

### 2.6.2 无机非金属基复合材料的组成、结构及性能

无机非金属材料基复合材料主要包括陶瓷基复合材料、碳基复合材料、玻璃基复合材料和水泥基复合材料等。陶瓷基复合材料和碳基复合材料是耐高温及高力学性能的首选材料，例如碳碳复合材料是目前耐温最高的材料。水泥基复合材料则在建筑材料中越来越显示其重要性。

（1）陶瓷基复合材料

陶瓷基复合材料以高性能的陶瓷为基体，通过加入颗粒、晶须、连续纤维和层状材料等增强体增强、增韧，从而形成的多相材料，如图 2-25 所示。

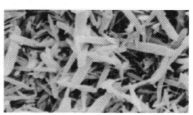

图 2-25　陶瓷基复合材料

陶瓷基复合材料基体主要有玻璃陶瓷、氧化铝陶瓷、氮化硅陶瓷、碳化硅陶瓷等，增强体主要有高模量碳纤维、硼纤维、碳化硅纤维、$\alpha-Al_2O_3$纤维、金属丝、碳化硅晶须、$Si_3N_4$晶须、$ZrO_2$颗粒等。通过颗粒增强、微裂纹增韧、晶须增韧及纳米强韧化等作用，形成异相颗粒弥散强化陶瓷复合材料、纤维增韧增强陶瓷复合材料、原位生长陶瓷复合材料、梯度功能陶瓷复合材料及纳米陶瓷复合材料。

陶瓷基复合材料在保持陶瓷材料强度高、硬度大、耐高温、抗氧化、耐磨损、耐腐蚀、热膨胀系数和比重小等优点的同时，还具备韧性大这一显著优点，弥补了陶瓷材料脆性大的弱点，并因此在刀具、滑动构件、航空航天构件、发动机构件等领域起到了重要作用。

（2）碳基复合材料

碳基复合材料是基体及增强体均为碳的多相材料。碳基复合材料碳基体可以是碳或石墨，如树脂碳、沥青碳和沉积碳。增强碳可以是不同类型的碳或石墨的纤维及其织物，起骨架和增强剂的作用。

碳基复合材料具有耐高温、耐热震、导热性好、弹性模量高、化学稳定性高、强度随温度升高而提高、热膨胀系数小的优点，同时具有韧性差、对裂纹敏感等缺点，适用于惰性气体及高温烧蚀环境，如再入飞行器鼻锥、固体火箭发动机喷管、洲际导弹弹头等，其性能对比如图 2-26 所示。

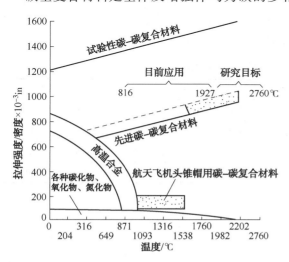

图 2-26　碳-碳复合材料性能的比较

（3）玻璃基复合材料

以玻璃材料为基体，并以陶瓷、碳、金属等材料的纤维、晶须、晶片为增强体，

通过复合工艺所构成的复合材料。玻璃基复合材料的基体主要有硼硅玻璃、铝硅玻璃和高硅玻璃，可适用于不同温度，有时也将玻璃陶瓷（微晶玻璃）划入该复合材料范畴。玻璃基复合材料属于重要国防材料，在导弹通讯、制导和防热方面具有不可取代的地位。

玻璃是典型的脆性材料，与其他材料相比，它的强度、韧性和断裂应变都很小，这是影响其应用和可靠性的主要因素。玻璃基复合材料引入补强增韧的纤维、晶须或第二相硬质颗粒构成玻璃基复合材料可有效改善其力学性能。例如 $SiC_w$ 增强熔石英基复合材料的抗弯强度和断裂韧性 $K_{IC}$ 为 271MPa、3.1MPa·$m^{1/2}$，而一般玻璃强度仅为 100MPa，断裂韧性仅为 0.5MPa·$m^{1/2}$。

（4）水泥基复合材料

水泥基复合材料是以硅酸盐水泥为基体，以耐碱玻璃纤维、通用合成纤维、各种陶瓷纤维、碳和芳纶等高性能纤维、金属丝以及天然植物纤维和矿物纤维为增强体，加入填料、化学助剂和水经复合工艺构成的复合材料。

在纤维增强水泥基材料中，纤维的使用状态和分布是多种多样的，既可以是长纤维的一维铺设，也可以是长纤维或者织物的二维分布，还可以是短纤维的二维或者三维不连续的乱向分布。纤维不仅使得混凝土强度有所提高，同时也使其粘接性、韧性有所改善。

### 2.6.3 聚合物基复合材料的组成、结构及性能

聚合物基复合材料是以聚合物为基体，通过颗粒、纤维、晶须或层片状增强相增强的复合材料。常用的纤维类型为玻璃纤维、碳纤维、芳纶纤维及超高分子量聚乙烯纤维，其形态可以是连续纤维、长纤维及短切纤维。常用晶须类型有碳化硅晶须、氧化铝晶须。层片增强相常用云母、玻璃及金属等材料。颗粒增强相常用氧化铝、碳化硅、石墨及金属等材料。

聚合物基复合材料的密度小，其比强度相当于钛合金的 3～5 倍，比模量相当于金属的 4 倍之多，见表 2-18。复合材料中纤维与基体的界面能阻止材料受力所致裂纹的扩展，其疲劳强度高。大多数金属材料的疲劳强度极限是其抗拉强度的 20%～50%，而碳纤维/聚酯复合材料的疲劳强度极限可为其抗拉强度的 70%～80%。复合材料界面还具有吸振能力，使材料的振动阻尼很高。另外，聚合物基复合材料具有良好的可设计性及加工工艺性，可根据材料使用要求不同，采用手糊成型、模压成型、缠绕成型、注射成型和拉挤成型等各种方法，制成阻燃材料、绝缘材料、耐磨材料、耐腐蚀材料等。然而，聚合物基复合材料的耐高温性能、耐老化性能及材料性能均一性等，有待于进一步研究提高。

表 2-18　聚合物复合材料的力学性能

| 材料 | 玻璃纤维增强热固性塑料 | 碳纤维增强热固性塑料 | 钢 | 铝 | 钛 |
|---|---|---|---|---|---|
| 密度/（g/cm³） | 2.0 | 1.6 | 7.8 | 2.8 | 4.5 |
| 拉伸强度/GPa | 1.2 | 1.8 | 1.4 | 0.48 | 1.0 |
| 比强度 | 600 | 1120 | 180 | 170 | 210 |
| 拉伸模量/GPa | 42 | 130 | 210 | 77 | 110 |

# 3 材料的制备

物质按结晶状态可分为单晶态、多晶态及非晶态，按物质存在的维度可分为三维块体材料(包括三维纳米晶块体材料)、二维纳米膜材料、一维纳米纤维、零维纳米颗粒。不同材料的制备工艺也是不同的，如单晶材料常采用直拉法、区熔法、布里奇曼法制备，多晶材料采用熔炼及烧结的方法制备，非晶态材料常采用快淬法制备，薄膜采用物理气相沉积、化学气相沉积法制备等。尽管制备工艺不同，然而从相变角度出发，材料制备工艺都可以归类为由液相制备固相、由固相制备固相、由气相制备固相三个基本类型。本章着重介绍常用块体材料的制备，包括金属、无机非金属、高分子材料的制备工艺，同时简要介绍纳米材料的制备方法。

## 3.1 材料制备方法

材料领域中，每种材料均有其相应的制备方法，按照原料的状态，材料的制备方法可以分为气相法、液相法和固相法等三种方法，本章按照这种分类方式逐一介绍材料的制备方法。

### 3.1.1 气相法

根据系统发生的反应性质，气相法可以分为物理气相沉积法和化学气相沉积法。

(1) 物理气相沉积

物理气相沉积简称 PVD，也称蒸发-冷凝法，其原理一般基于纯粹的物理效应，但有时也可以与化学反应相关。物理气相沉积是利用各种方法(电弧、高频电场、等离子体等)加热原材料，使之汽化，产生的原子或分子冷凝后沉积在基片上形成各种形态材料的工艺。典型 PVD 工艺有离子镀膜、真空蒸发镀膜和溅射镀膜等。

① 真空蒸发镀膜　真空蒸发镀膜法是将原料置于料舟内，基片在料舟正上方，在真空($<10^{-4}$Pa)状态下加热原料使其汽化，原子或分子状态的原料在基片表面重新排列或键合，冷凝后成膜。真空蒸发镀膜装置示意图如图 3-1 所示。

② 溅射镀膜　溅射镀膜主要是利用低压气体的异常辉光放电产生的阳离子，在电极作用下高速冲向靶材(阴极)，靶材表面产生强烈的溅射作用，溅射出的原子向基片(阳极)移动，并沉积其上形成镀膜。阴极溅射镀膜装置示意图如图 3-2 所示。

③ 离子镀膜　在真空条件下，利用气体放电使气体或原料部分电离，并在气体或原料离子的轰击下，将原料或其反应物沉积在基片上的技术。离子镀膜包括化学离子镀、真空离子镀、反应离子镀、空心阴极离子镀以及多弧离子镀等。

(2) 化学气相沉积

化学气相沉积简称 CVD，是把一种或几种含有构成薄膜元素的化合物、单质气体通入放置有基片的反应室，借助空间气相化学反应在基片表面上沉积固态薄膜的工艺技术，是一种化学气相生长法。化学气相沉积的原理涉及反应化学、热力学、动力学、转移机理、膜生长现象和反应工程等。典型化学气相沉积包括等离子体增强化学气相沉积(PECVD)、金属有机化合物化学气相沉积(MOCVD)以及光化学气相沉积。

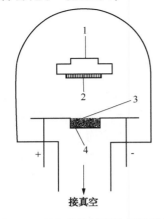

图 3-1　真空蒸发镀膜装置示意图
1—基片加热器；2—基片；
3—原料；4—料舟

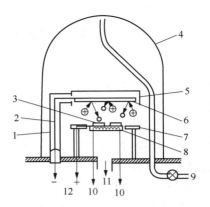

图 3-2　阴极溅射镀膜原理示意图
1—高压屏蔽；2—高压线；3—基片；4—钟罩；
5—阴极屏蔽；6—阴极；7—阳极；8—加热器；
9—Ar 入口；10—加热电源；11—至真空系统；12—高压电源

① 等离子体增强化学气相沉积(PECVD)　一般 CVD 中，原料气体原子或分子间发生化学反应，产物沉积形成薄膜。在 PECVD 反应室内设置高压电场，反应气体在高压电场中激发为非常活泼的激发分子、原子、离子和原子团构成的等离子体，大大加速了气体反应，增加了 CVD 成膜率，降低了成膜温度。PECVD 装置示意图如图 3-3 所示。

② 金属有机化合物化学气相沉积(MOCVD)　为了制备化合物半导体薄膜，人们发展了利用金属有机化合物作为气相源的 MOCVD。它是利用有机金属热分解反应进行气相外延生长的方法。图 3-4 所示为 MOCVD 生长 $Ga_{1-x}Al_xAs$ 装置原理结构。

③ 光化学气相沉积　光化学气相沉积利用光化学反应的 CVD 工艺，反应物吸收一定波长与能量的光子，促使其中的原子团和离子发生反应，生成化合物。

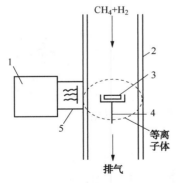

图 3-3　PECVD 方法制备金刚石薄膜示意图
1—微波功率源；2—石英管；
3—衬底；4—样品托架；5—导波管

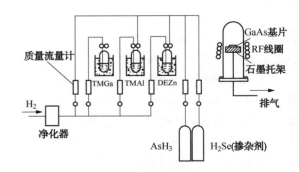

图 3-4　MOCVD 生长 $Ga_{1-x}Al_xAs$
装置原理结构

### 3.1.2　液相法

根据材料制备时的反应状态、温度等，液相法分为熔融法、界面法、液相沉淀法、溶胶-凝胶法、水热法、喷雾法和溶液生长法等。

（1）熔融法

熔融法是将原料加热，使之在加热过程和熔融状态下产生各种化学反应，从而达到一定的化学成分和结构。根据加热温度，可分为高温熔融法和低温熔融法。高温熔融法是矿物原料在高温熔炉内熔融并发生化学反应的方法，如高炉炼铁、转炉炼钢、玻璃熔制等。低温熔融法是制备高分子材料的方法，如本体聚合、熔融聚合。关于熔融法本章后续将作详细介绍。

（2）溶液生长法

溶液生长法主要用于人工合成晶体的制备，它是将所需制备晶体的原料作为溶质形成过饱和溶液，然后逐渐发生结晶过程使晶体长大。通过放置籽晶来控制晶体取向。该方法生长的晶体光学均匀性好，但生长速率低。图 3-5 所示为溶液变温法生长单晶示意图。

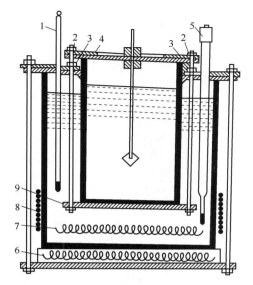

图 3-5　溶液变温法生长单晶示意图
1—温度计；2、3—固定螺丝；4—罩板；
5—导电表；6、7、8—加热器；9—固定支架

（3）溶胶-凝胶法

溶胶-凝胶法是在低温下制备玻璃、陶瓷以及无机新材料的方法，简称 Sol-Gel 法。溶胶-凝胶法是用易水解的金属化合物(无机盐或金属盐)在某种溶剂中与水发生反应，经过水解与缩聚过程逐渐凝胶化，再经干燥、烧结等后处理得到所需的材料。典型的溶胶-凝胶法工艺流程如图 3-6 所示。

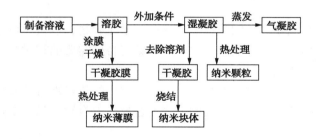

图 3-6　溶胶-凝胶法工艺流程

（4）喷雾法

喷雾法也称溶剂蒸发法，将溶解度较大的盐的水溶液雾化成小液滴，使其中的水分迅速蒸发，而使盐形成均匀的球状颗粒；再将微细的盐粒加热分解，即可得到氧化物超细粉。

（5）水热法

水热法是指在水溶液中或大量水蒸气中，在高温高压或高温常压下所进行的化学反应过程。该方法主要用于制备无机超细材料，如纳米材料。水热法的主要设备是高压釜，其结构如图 3-7 所示。

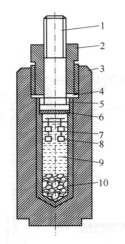

图 3-7　水热法高压釜结构示意图
1—塞子；2—闭锁螺母；3—釜体；
4—钢环；5—铜环；6—钛密封垫；
7—钛内衬；8—籽晶；
9—水溶液；10—培养料

（6）界面法

界面法是指在各种界面条件下发生反应制备材料的方法，主要有高分子材料的悬浮聚合、乳液聚合和界面缩聚等。

（7）液相沉淀法

液相沉淀法是在原料溶液中适当添加沉淀剂（$OH^-$，$CO_3^{2-}$ 等），形成不溶性氢氧化物、硫酸盐、碳酸盐、草酸盐等沉淀物，然后将沉淀物过滤、洗涤、烘干及焙烧，得到细小氧化物粉体的方法。

### 3.1.3　固相法

固相法是以固体物质为原料，通过固相反应和烧结等过程来制备材料的方法。固相反应需要破坏原料质点间键力，形成新的固相，这就需要较大的能量，所以，传统的固相反应是在中高温中完成。

（1）高温烧结法

陶瓷、耐火材料、粉末冶金以及水泥熟料等通常都是把成型后的坯体在高温条件下进行烧结，才能得到相应的制品。烧结过程中往往包括多种物理、化学和物理化学变化，形成一定的矿物组成和显微结构，并获得所要求的性能。单纯固体之间的烧结称为固相烧结，有液相参与的烧结为液相烧结。

（2）粉末冶金法

粉末冶金法是用金属粉末或金属与非金属粉末的混合物作原料，经过成型和烧结，制成金属材料、复合材料等材料的工艺技术。粉末冶金技术具有很多优点，它可以最大限度地减少合金成分的偏析，消除粗大及不均的铸造组织，在制备高性能稀土储氢材料、稀土发光材料、高温超导材料等方面具有重要作用。

（3）固相缩聚法

固相缩聚法可以在比较缓和的条件下合成高分子化合物，以避免许多在高温熔融缩聚反应下的副反应，从而提高树脂的质量，并可以制备有特殊需要的相对分子质量较高的树脂。

（4）自蔓延高温合成法

自蔓延高温合成法简称 SHS，是利用反应本身放出的热量维持反应的继续，反应一旦被引发就不在需要外加热源，并以燃烧波的形式通过反应混合物。随着燃烧波的前进，反应物转变为产物。

SHS 过程如图 3-8 所示。一般将反应的原料混合物压制成块，在块状的一端引燃反应，反应放热使得临近的物料发生反应，结果形成一个以一定速度蔓延的燃烧波。随着燃烧波的推进，反应混合物转变为产物。

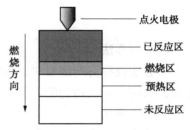

图 3-8　自蔓延高温合成法过程示意图

## 3.2　纯金属及合金的制备

金属是一种具有金属光泽，可塑性、导电性、导热性良好的物质。通常，大多数金属元素以氧化物、碳化物等化合物的形式存在于地壳中，纯金属需要通过冶金的方法制备。广义上的冶金是指将金属元素从矿物中提炼出来，然后通过精炼提纯及合金化处理，并浇注成锭，加工成型，是金属材料制备的最主要的方法；狭义的冶金是指矿石的冶炼。冶金是一种基于液相法的材料制备技术。

目前，冶金方法主要分为以下几类：火法冶金、湿法冶金以及电冶金。

① 火法冶金　高温条件下进行的冶金过程，是矿石经熔炼、精炼及熔化作业，将所需提取的金属与脉石及其他杂质分离，获得较纯金属的过程。冶金过程中需要的能源主要依赖燃料的燃烧，也有部分冶金过程依赖化学反应放热。传统的火法冶金过程能耗高、污染大。开发低污染、低能耗、短流程的强化冶炼的新技术、新工艺是解决上述问题的主要途径。本章主要通过钢铁的冶炼工艺讨论火法冶金。

② 湿法冶金　低温溶液中进行的冶金过程。湿法冶金是在常温（低于100℃）常压下，用溶剂处理矿山或精矿，使所需提取的金属溶于溶剂中，而其他杂质不溶解，然后从溶剂中将金属提取和分离出来的过程，溶剂主要为水溶液，故又称水法冶金。与火法冶金相比，湿法冶金过程更容易控制，近年来发展迅速。湿法冶金早期主要用于金、银的氰化冶炼，近年来，也用于低品位矿和复杂矿石的冶炼。

③ 电冶金　利用电能提取和精炼金属的冶金过程。根据电能形式的不同，电冶金可以分为电热冶金和电化学冶金。电冶金的物理化学变化实质与火法冶金一样，不同的是电冶金采用电能加热，电化学冶金是利用电化学反应分离金属。广泛应用于电解铝、铜、锌、镍等材料制备过程。

### 3.2.1　铁的冶炼

工业上将碳含量大于2.11%（质量分数）的钢铁材料称为铁。铁为银白色金属，其主要成分是铁、碳两种元素，同时还含有其他少量的合金元素，熔点为1535℃，具有良好的导热性、导电性和导磁性。炼铁就是通过冶炼铁矿石，从其中还原得到金属铁的过程。高炉炼铁具有技术成熟、单体设备生产能力大、消耗低、铁水质量好等特点，因此，高炉炼铁是炼铁工艺的主流方法，其产铁量占全世界铁生产总量的95%以上。

（1）高炉炼铁工艺

高炉炼铁生产工艺流程如图3-9所示。高炉冶炼是利用焦炭作发热剂和还原剂，把铁矿石还原成生铁的过程。首先，将块状矿石、焦炭、烧结矿以及熔剂从高炉顶部装入炉中；然后从炉缸上部炉壁周围的风口鼓入1000~1300℃的热风，炉料中的焦炭在风口前与鼓风中的氧发生燃烧反应，生成2000℃以上的还原性煤气（CO，H₂），煤气上升并加热炉顶装入的炉料；炉料在下降过程中逐步被还原、熔化形成生铁以及炉渣聚集在炉缸中，从铁口或渣口放出。高温煤气上升过程中将热量传给炉料，温度降低，最后从炉顶排出。

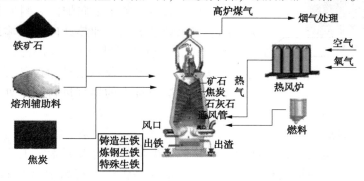

图3-9　高炉炼铁流程

（2）高炉炼铁原料

铁矿石、熔剂和焦炭是高炉炼铁的主要原料，对炼铁质量存在极大的影响。

① 铁矿石　铁矿石的种类很多，世界上常用的铁矿石主要有磁铁矿（$Fe_3O_4$）、赤铁矿（$Fe_2O_3$）、褐铁矿（$nFe_2O_3 \cdot mH_2O$）和菱铁矿（$FeCO_3$）等。

② 熔剂　高炉熔炼时，脉石、焦炭中的灰分会进入熔渣，而其熔点较高，只有降低它们的熔点才能形成流动性良好的炉渣，实现渣、铁分离。这便是加入熔剂的目的，炉料中的熔剂可以与灰分反应生成低熔点化合物（1300℃以下）。高炉熔炼常用碱性熔剂包括石灰石（$CaCO_3$）、白云石（$CaCO_3 \cdot MgCO_3$）以及它们的加工产物 $[CaO、Ca(OH)_2]$。同时炉渣中通常含有 5%～7% 的 MgO，以改善高碱度熔渣的流动性。

③ 焦炭　焦炭在高炉内起到发热剂、还原剂和高炉料柱骨架的作用。作为发热剂，焦炭能够提供炼铁所需的热量；作为还原剂，焦炭可以还原铁的氧化物；作为高炉料柱骨架，焦炭的熔点较高，炼铁过程中能够保持固态形貌，不仅能支撑料柱，还能保证一定的透气性和透液性。

（3）高炉炼铁设备

高炉炼铁设备以高炉为中心，围绕"备料、上料、冶炼、产品处理"等主要工艺环节进行设置。大致可分为高炉、供料设备、上料设备、炉顶装料设备、热风炉、炉前机械设备、煤气除尘系统、渣铁处理设备等。

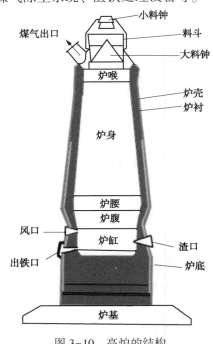

图 3-10　高炉的结构

高炉本体较为复杂，用钢板作炉壳，壳内砌耐火砖内衬。高炉本体自上而下分为炉喉、炉身、炉腰、炉腹、炉缸五部分，如图 3-10 所示，该容积反映了高炉的生产能力。炉喉以上为装料装置、煤气封盖及导出管。炉料自炉喉进入高炉，热风炉送来的热风经热风总管由热风口送入炉内。炉缸用于储存铁水，该部分设有风口、渣口和出铁口。

炼铁生产所需的各种原料（烧结矿、焦炭、辅助原料等）分别储存在相应的料仓中。供料设备与送料设备的作用是按照冶炼工艺要求，将各种原料按质量和规定程序向高炉上料机供料。供料系统设备种类很多，主要有取料设备、筛分设备、称量设备、皮带运输机等。

炉顶装料设备用于向炉内装料并起炉顶密封的作用。热风炉系统用于加热并向高炉输送热风。炉前机械设备主要包括开铁口机、堵出铁口机、换风口机、渣铁沟维护设备以及烟尘排除设备等。煤气除尘系统对从高炉炉顶排出的煤气进行除尘处理，使其具有较高的燃烧值能输出利用。

### 3.2.2　钢的冶炼

钢的主要成分也是铁、碳两种元素，并含有少量其他合金元素，工业上将碳含量介于 0.02%～2.11%（质量）的钢铁材料称为钢。炼钢就是将铁在高温中（约 1600℃）进行熔化、净化（或称精炼）和合金化的一个过程。炼钢的目的是在铁水或废钢的基础上脱碳、脱硫、脱磷、脱氧，去除［N］、［H］及其他非金属等杂质，调整温度并合金化，炼成具有所要求化学成分的钢，并使其具有特定的物理化学性能及力学性能。

（1）炼钢工艺

炼钢有两条主要工艺路线，"高炉—铁水预处理—转炉—精炼—连铸"的工艺称为长流程，"废钢—电弧炉—精炼—连铸"的工艺称为短流程，如图3-11所示。目前，氧气顶吹转炉炼钢是冶炼普通钢的主要手段，世界钢产量的70%以上是通过这种方法生产的。电弧炉炼钢发展很快，主要用于冶炼高质量合金钢种，占比已超过了世界钢产量的20%。

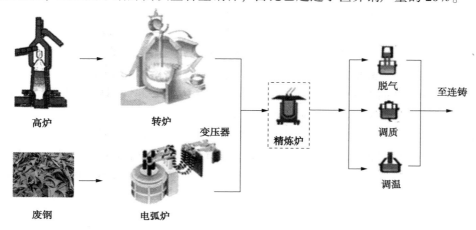

图3-11 炼钢工艺流程

转炉炼钢时不需要再额外加热。由于铁水本来就是高温的，另外直接吹入铁水中的氧气与铁水中硅、碳等持续发生氧化反应，氧化反应降低碳含量、去除生铁中杂质，同时释放出的化学热不仅能保持炉内物质熔融状态，还能提高其温度。由于不需要再用燃料加热，故降低了能源消耗，所以被普遍应用于炼钢。转炉炼钢能促进金属与氧气、炉渣更好的接触，提高反应界面及反应速度，不需外加燃料，仅靠铁水的物理热及杂质氧化释放的化学热即可完成炼钢，故又称"自热炼钢法"。按氧气吹入的位置，可分为底吹、侧吹、氧气顶吹三种工艺。

电弧炉炼钢的热源主要是电能，部分利用化学反应能。电弧炉内有石墨做成的电极，电极的端头与炉料之间可以发出强烈的电弧，具有极高的热能。电弧炉炼钢依靠电弧加热，炉内无可燃气体。熔炼初期靠氧化降碳、脱磷，后期靠还原脱氧、脱硫、合金化。具有脱氧、脱硫效果好，合金元素烧损少，化学成分控制较准等特点。因此电弧炉往往用来冶炼合金钢和碳素钢。另外弧光埋在金属料中，热损失少，可以迅速熔化金属，温度控制也相对容易。投资少，能耗低。操作灵活性大，既可连续作业，也可非连续作业。但是电弧中有气体离子存在，熔炼过程中极易造成钢水中的气体含量增加。

随着社会对洁净钢的生产需求日益增高，迫切需要建立起一种全新的、能大规模、廉价地生产纯净钢的生产体制。同时，由于钢铁生产技术的进步，也使人们逐渐认识到，单纯依赖一个生产工序或单元生产技术的改进，很难达到最佳的经济效果。因此，必须从钢铁生产的整体出发，对整个炼钢生产流程进行改变，才能满足洁净钢生产的技术要求。以管线钢的冶炼为例，工况要求其必须具有强度高、低温韧性好、冷成型和焊接性能好、抗腐蚀和高温性能好等特点。因此钢中的硫、磷含量越低越好。管线钢的冶炼包括"铁水预处理—转炉—

炉外精炼—连铸或模铸"、"电炉—炉外精炼—连铸或模铸"两种工艺。如某厂 X65 的冶炼工艺为"铁水脱硫—顶吹转炉—顶渣—循环真空脱气—喷粉—连铸"。

铁水预处理指铁水兑入炼钢炉之前对其进行脱除杂质元素或从铁水中回收有价值元素的处理工艺。普通铁水预处理指铁水脱硫、脱磷、脱硅，提取钒及铌、脱铬的处理工艺为特殊预处理工艺。管线钢的冶炼首先经过了铁水脱硫、脱磷的预处理工艺。在转炉炼钢阶段进行前期脱磷、脱氮、出钢深脱磷等工艺过程。

炉外精炼是把由炼钢炉初炼的钢水倒入钢包或专用容器内进一步精炼的一种方法，即把一步炼钢法变为两步炼钢法。炉外精炼可以降低钢中硫、氧、氢、氮和非金属夹杂物含量，改变夹杂物形态，提高钢的纯净度，改善钢的机械性能；同时深脱碳，在特定条件下把碳降到极低含量，满足低碳和超低碳钢的要求；另外微调合金成分，将成分控制在很窄的范围内，并使其分布均匀，降低合金消耗，提高合金元素收得率；将钢水温度调整到浇铸所需要的范围内，减少包内钢水的温度梯度。炉外精炼方法主要有喷粉、真空、加热造还原渣、喂丝和吹气搅拌等，实践中常常是几种手段综合使用。

钢液去氮主要靠搅拌处理、真空脱气或两种工艺的组合促进气体与金属的反应来实现。钢中氢主要在炼钢初期通过 CO 剧烈沸腾去除，同时要杜绝在后续工序中加入的造渣剂、变性剂、合金剂、保护渣、覆盖剂等受潮，避免碳氢化合物、空气与钢水接触，这样有助于降低钢中的氢含量。

钢包喂钙技术是解决脱硫、脱氧、合金化、合金化微调、改变夹杂物形态、防止水口堵塞等可靠措施。金属钙处理可改变钢中夹杂物形态和数量，使得氧化物和硫化物夹杂转变为外包硫化钙的低熔点钙铝酸盐球状复合夹杂物，夹杂细化且分布均匀，改善了钢的质量，减少连铸时的水口结瘤。

（2）炼钢原料

原材料是炼钢的基础，原材料的质量和供应条件对炼钢生产的各项技术经济指标产生重要影响。炼钢原料分为金属料、非金属料和气体。金属料指铁水、废钢、合金钢；非金属料指造渣剂、冷却剂、增碳剂和燃料、氧化剂、炼钢用气体。

转炉炼钢的原料包括铁水（生铁）、废钢、铁合金。铁水是转炉的基本金属料，通常占装进量的 80%～100%。炼钢铁水中硫、磷、硅的含量应根据所炼钢种的含量确定，且进转炉前应对铁水的温度和成分进行检测，入炉铁水温度应大于 1250℃，并且要相对稳定。电炉炼钢使用废钢，氧气顶吹转炉用废钢量一般是总装入量的 10%～30%。炼钢造渣材料包括石灰、萤石、铁矿石，其中石灰是主要的造渣材料，云石可以提高熔渣的流动性和渣钢界面反应速度。炼钢的氧化剂包括氧气、铁矿石、铁皮。冷却剂包括废钢、铁矿石、氧化铁、烧结矿、球团矿等。增碳剂包括焦炭、石墨、煤块、重油等。氧化剂包括氧气、铁矿石、氧化铁皮。炼钢用气体包括氧气、氮气、氩气、二氧化碳等。

电炉炼钢的原料与转炉类似，所不同的是其金属料主要为废钢，废钢用量约占 60%～100%。根据来源不同，废钢通常分为本厂返回废钢和社会购入废钢两类。返回废钢包括炼钢车间的模铸汤道、注余、包底、连铸坯的头尾坯、锻轧废品、废钢材（坯）。返回废钢含锈及杂质较少，化学成分相近，收得率高，是炼钢优质原料，使用返回废钢可以大量回收贵重金属合金元素，减少贵重金属和铁合金消耗，节约电耗，降低成本，具有很大的经济意义。外购废钢包括废旧的机器、铁轨、军用及民用废钢、报废的轧辊、车船及其他设备等。这类废钢来源复杂、锈蚀程度不一，有害元素及杂质含量不易掌握，收得率波动较大。对于

58

优质钢和特殊用钢（如石油管用钢），在采用社会废钢作炼钢原料时，必须要慎重认真。不但要进行严格的化验分析、挑选、加工及管理，还应配有相应的原料纯净化措施（如配加直接还原铁、生铁或铁水），以稀释降低钢中不需要的残余元素和有害元素，如铜、五害元素（指 Pb，Sn，As，Sb，Bi）等，以保证钢的质量。除废钢外电弧炉还可以采用直接还原生铁作为原料，近些年还形成了热装部分铁水的冶炼工艺，该工艺不但缓解了废钢紧缺的形势，而且可显著缩短冶炼周期，降低冶炼电耗，提高劳动生产率。同时加入电炉中的铁水，可以稀释废钢中的有害残余元素，提高钢的质量。

（3）炼钢设备

炼钢炉主要有转炉、平炉和电炉。平炉由于能耗高、生产周期长，已经被淘汰。炼钢设备由转炉主体、供氧、加料和废气处理等辅助设备组成。

① 转炉 转炉按吹炼采用气体的性质分为空气转炉、氧气转炉；按气体吹入的位置分为底吹、顶吹及侧吹转炉；按炉衬耐火材料性质分为酸性和碱性转炉。这里以氧气顶吹转炉为例说明转炉的基本结构。如图 3-12 所示，氧气顶吹转炉主体由炉体、支承装置和倾动机构组成。

炉体主要用于盛装金属和熔渣。顶部是炉口，炉帽和炉身接口附近有出钢口，最外层为钢制炉壳，炉壳内部为炉衬，炉衬采用人工合成的高氧化镁砖或油浸白云石制成。支承装置包括托圈和耳轴。托圈的主要作用是支撑炉体、传递倾动力矩。转炉两侧各有一个耳轴，其中一个耳轴与倾动机构连接，将转动扭矩传递给炉体。为冷却托圈、炉帽及耳轴，采用中空耳轴，以便通入冷却水。倾动机构的作用是转动炉体，以便满足兑铁水、加废钢、取样、出钢、倒渣等工艺操作的需求。

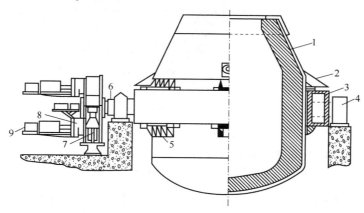

图 3-12 转炉结构简图

1—炉壳；2—挡渣板；3—托圈；4—轴承及轴承座；5—支撑系统；
6—耳轴；7—制动装置；8—减速机；9—电机及制动器

② 原料供应系统 转炉炼钢系统采用混铁炉、混铁车、铁水罐车为转炉提供铁水，采用废钢料槽、废钢加料车加入废钢，造渣剂、冷却剂、补炉材料等，采用输送带、输送机等上料系统送入转炉，并采用电子称重设备进行计量后加入炉内。供氧设备由供氧系统和氧枪组成。利用升压压缩机将制氧机制得的氧气升压，并注入储气罐储存，然后经由减压阀调整至工作压力并通过氧枪输出到转炉。

③ 除尘及废气处理设备　转炉炼钢过程中产生的 CO 和 $CO_2$ 从炉口喷出时，温度高达 1450℃以上，还夹带大量的氧化铁粉末，必须净化处理。降温、除尘后的废气 CO 含量约为 80%，可用作炼钢厂燃料。能够通过烟道、烟罩进行收集，通过烟道、溢流文氏管、滤袋除尘器及电除尘器等进行除尘，最后采用煤气柜、回火防止器等进行抽引和放散。

电炉炼钢设备种类有电弧炉、感应电炉、电渣炉、电子束炉、自耗电弧炉等。通常说的电炉指碱性电弧炉。炼钢设备由电炉主体、供氧、加料和废气处理等辅助设备组成。

① 电弧炉　电弧炉由炉身、炉盖、炉门、出钢槽、电极以及电极升降装置和倾动机构等几部分组成，如图 3-13 所示。电弧炉的炉壳由钢板制成，在炉壳内部砌筑耐火材料制成炉膛。炉身上方是耐火砖和钢板组成的炉盖，炉盖上有三个孔，三根石墨电极通过这三个孔插入炉内。电极可在夹持系统及电极升降机构带动下上下运动。冶炼过程中，通过升降石墨电极调节电弧长度。电弧炉下部装有倾动机构，出钢时电弧炉在倾动机构的作用下向出钢槽一面倾斜，钢液由出钢槽导出；出渣时，电弧炉向炉门方向倾斜，炉渣由炉门排出。

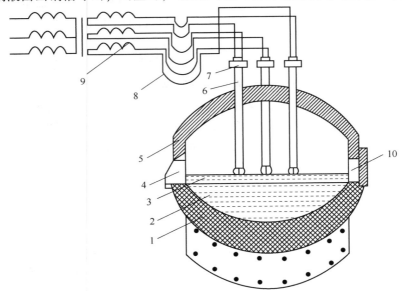

图 3-13　电弧炉结构简图

1—炉底；2—钢液；3—渣层；4—流钢嘴；5—炉顶；6—电极；
7—电极夹持器；8—短网；9—电炉变压器；10—炉门

② 电气设备　电弧炉靠电能转化成热能加热并熔化炉料，电气系统正是完成能量转换的设备。电气系统包括主电路和电极升降系统。主电路的任务是将高压电转变为低压大电流，并以电弧形式转换为热能。主电路由隔离开关、高压断路器、电抗器、电炉变压器、低压短网组成。电极自动调节装置的作用是快速调节电极的位置，保持恒定的电弧长度，减少电流波动，维持电弧电压和电流比值的恒定，使输出功率稳定，缩短冶炼时间并减少电能消耗。

③ 原料供应系统　废钢首先通过加工系统切割成合适的尺寸，然后通过炉顶料筐或加料槽一次或分几次加入炉内。装料过程中可通过炉盖旋开、炉体开出、炉盖开出的方法将炉膛全部露出。氧气通过氧枪喷入炉内，起到造泡沫渣帮助引弧、脱碳、产生化学热的作用。

④ 除尘及废气处理设备　电弧炉产生的烟尘量、浓度、粒度及其组分受到工艺过程及所炼钢种的影响。氧化期吹氧时烟气最大，其次是熔化期，最小是还原期。烟气的主要成分为 $CO$、$N_2$、$CO_2$、$O_2$，还有少量氟化物及 $SO_2$。一般采用滤袋除尘、电除尘、文氏管洗涤器进行净化，其中滤袋除尘应用最广。

### 3.2.3　铝及铝合金的制备

（1）金属铝的制备

金属铝，白色，密度为 $2.70g/cm^3$，熔点为 $660℃$，具有良好的延展性、导电性、导热性和耐蚀性，导电系数约是铜的 2/3，是目前我国应用最广的有色金属。

① 金属铝的制备工艺　现代工业中，普遍采用冰晶石-氧化铝熔盐电解法炼铝，其工艺流程如图 3-14 所示。整个电解过程在电解槽内完成，冰晶石为熔剂，$Al_2O_3$ 作为溶质溶于冰晶石中组成电解质。碳元素作为阳极，铝液为阴极，通入直流电后，在 $930\sim970℃$ 下，阴极和阳极上发生不同的电化学反应，$Al_2O_3$ 分解在阴极上生成液态铝，阳极上析出氧。铝液密度大，沉入电解槽底部，采用真空抬包抽出，净化除氢及其他金属杂质后铝液的质量分数一般为 $99.5\%\sim99.7\%$。阳极的氧与碳反应形成 $CO_2$ 和 $CO$ 析出，其中还含有一定量的氟化氢（HF）等有害气体和固态粉尘，需经过净化处理才能排到大气中。

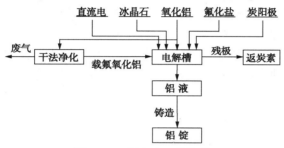

图 3-14　铝生产工艺流程

② 原料　金属铝由氧化铝电解得到，而世界上 95% 以上的 $Al_2O_3$ 是用铝土矿生产的。一般铝土矿中 $Al_2O_3$ 的质量分数为 $40\%\sim70\%$，此外，明矾石、霞石和高岭土也可以用于生产 $Al_2O_3$。目前，世界上 95% 左右的 $Al_2O_3$ 由拜耳法制备。

③ 电解铝设备　铝电解槽是电解铝生产的主要设备。目前，预焙阳极电解槽是当今电解铝工业的主流槽型。本节以中间下料预焙阳极电解槽为例介绍预焙阳极电解槽，其结构如图 3-15 所示。

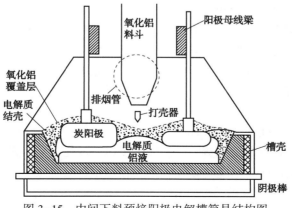

图 3-15　中间下料预焙阳极电解槽简易结构图

预焙阳极电解槽由基座、阴极结构、上部结构、母线结构和电气绝缘五大部分组成。

铝电解槽一般设置在地沟内的混凝土地基上面，电解槽安装前要在地基或基座上放置绝缘材料。阴极结构是指电解槽槽体部分，由槽壳和内衬构成。槽壳为长方形钢体，外壁和底部用型钢加固，槽壳内用内衬砌体，不同类型、容量、材料的内衬结构不同。上部结构是指槽体上方的金属结构，分为承重桁架、阳极提升装置、打壳下料装置、阳极母线和阳极组、集气和排烟装置，承重桁架起着支撑其他上部结构的作用，升降阳极，添加原料（氧化铝）及承担导电和阳极重量等作用。集气和排烟装置的主要作用是集气和排烟。

预焙阳极电解槽所用的辅助设备主要有吊车联合机组和母线提升机。吊车联合机组是一种多功能的大型桥式起重机，它承担了更换阳极，往阳极上添加氧化铝保温料、出铝等任务。母线提升机是进行母线提升的专用设备。以前，电解铝厂都采用皮带输送，小车供料，天车供料及人工料箱加料等落后输送方式；目前，气力输送技术已得到广泛应用。

（2）铝合金的制备

为提高金属铝的某些性能，譬如强度、硬度，通常在金属铝中添加合金元素，铝合金便是以铝为基体的合金的总称，其主要元素有铜、镁、锌、硅等，还含有少量镍、铁、钛等金属元素。

① 铝合金熔炼工艺　铝合金的熔炼一般包括装料、熔化、搅拌与扒渣、取样与成分调整、精炼、出炉及清炉等工艺。熔炼时，装料顺序和方法不仅影响铝合金熔炼质量，还会影响到炉子的使用寿命。因此应遵循合理的装料顺序、熔剂铺撒以及炉料高度等原则。熔化过程对产品质量有决定性的作用。在炉料软化下塌时，应适当向金属表面撒一层粉状熔剂，并添加铜、锌元素，另外，还需搅动熔体。炉料充分熔化，并且熔体温度达到熔炼温度时，即可扒除熔体表面漂浮的大量氧化渣。扒渣工艺完成后，快速分析结果和合金成分要求不相符就必须进行合金成分调整。绝大多数铝合金生产没有精炼过程，仅有部分要求高的需要精炼。最后，出炉并清炉。

② 原料　铝合金熔炼的原料为金属铝锭及特定铝合金所需的其他合金元素。铝锭应符合国家标准的要求，使用前要经过预热，将水分全部蒸发掉。旧料指浇道、废铸件及溢流槽等，由于旧料中必定含有大量的水，油污杂物和涂料，应该在清理和烘干后投入炉内熔炼，通常旧料使用量不超过50%。

③ 熔炼设备　按照加热能源不同，铝合金熔炼用冶金炉分为燃料炉和电加热炉两种。其中电阻炉效力最低，燃油燃气的效力较高。本节以火焰反射炉为例介绍燃油燃气炉。

火焰反射炉常用作熔化炉和静置保温炉，大致可分为九部分。其中熔池、烧嘴、蓄热体及电磁搅拌器是熔炼系统，主要用于铝合金的熔炼；加料车及加料斗为原料供应系统，负责铝锭及其他原材料的供应；流槽及坩埚为输出系统，熔炼完成的铝合金经流槽流入坩埚保温待用；排烟罩为排烟系统，具有改变操作环境、节约能源及控制烟气污染的作用。

### 3.2.4　铜及铜合金的制备

（1）铜的冶炼

金属铜，紫红色，密度为 $8.92g/cm^3$，熔点为 $1083℃$，具有良好的延展性、导电性、导热性和耐蚀性。在我国有色金属消费中，铜仅次于铝。铜在电器、电子工业中应用最广，占总消费的一半以上，主要用于电缆和导线、电极和变压器的绕阻等。

① 火法炼铜工艺　生产铜的方法较多，但是，目前火法炼铜是主要方法，该法每年的铜产量占总产量的80%以上。本节主要介绍火法炼铜工艺。

图 3-16 为火法炼铜工艺的流程。整个炼铜工艺包括造锍熔炼、铜锍吹炼、火法精炼、电解精炼。造锍熔炼的目的是提取铜矿中的铜，形成铜锍。造锍熔炼后铜锍中铜的含量为30%～70%。氧气作用下，将铜锍中的铁、硫、铅、锌等杂质去除，得到铜含量98.5%以上粗铜的工艺为铜锍吹炼。吹炼后的铜依然含有少量的铁、铅、锌、镍、金、银等元素，通过氧化将上述杂质去除，然后将铜中的氧还原出来的工艺为火法精炼。火法精炼工艺后，铜的质量分数为99.2%～99.7%。为提高铜的性能，达到使用要求，需要进行进一步的精炼。电解精炼主要是依据电化学原理对铜进行提纯。

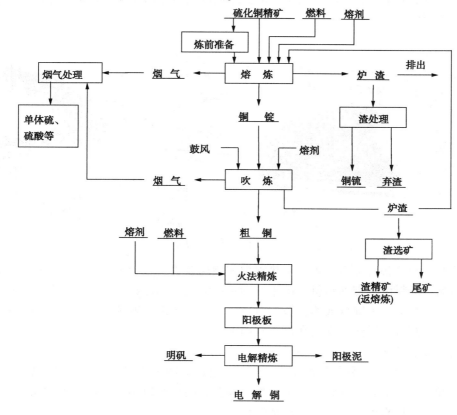

图 3-16　火法炼铜的工艺流程

② 炼铜原料　铜在地壳中的含量较少，约为 0.01%，远低于铝、铁等金属。自然界中的铜均以化合物的形式存在，根据铜矿性质，可以分为自然铜、硫化铜和氧化铜矿三种，其中硫化铜矿为当今炼铜的主要原料。常见的具有工业开采价值的硫化铜矿如表 3-1 所示。

表 3-1　具有工业开采价值的常见硫化铜矿

| 名　称 | 化　学　式 | Cu 含量/%（质量） | 颜色 |
|--------|-----------|-----------------|------|
| 辉铜矿 | $Cu_2S$ | 79.8 | 灰黑色 |
| 铜蓝 | $CuS$ | 66.7 | 红蓝色 |
| 斑铜矿 | $Cu_4FeS_4$ | 63.5 | 红蓝色 |
| 硫砷铜矿 | $Cu_3AsS_4$ | 49.0 | 灰黑色 |
| 黄铜矿 | $CuFeS_2$ | 34.6 | 黄色 |
| 黝铜矿 | $Cu_{12}Sb_4S_{13}$ | 45.9 | 灰黑色 |

③ 炼铜设备　炼铜的工艺复杂，需要用到的设备较多，如造锍熔炼所需的反射炉，铜锍吹炼所需的转炉以及电解槽等设备。造锍熔炼所需的反射炉为火法精炼的基础，本节着重介绍造锍熔炼反射炉。

造锍熔炼通常选用反射炉，其简易结构如图 3-17 所示。反射炉为长方形，用优质耐火材料砌筑，主要由炉体、炉渣注入口、冰铜放出口、排烟道和放渣口等结构组成。炉体由炉基、炉底、炉墙、炉顶及加固支架构成。精矿、氧化物焙砂等经加料管加入炉内，由烧嘴焰流进行高温熔炼形成铜锍和炉渣，侧墙底部的冰铜放出口导出冰铜，排烟道排出炉气。

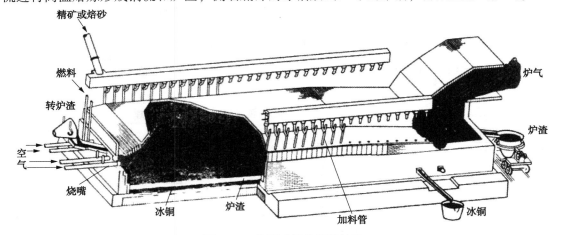

图 3-17　炼铜反射炉简易结构

反射炉的配套设备有加料装置、余热锅炉和燃烧装置。若干个加料口分别排在炉顶沿长度方向的两侧。炉料由皮带加料机、矿车或刮板运输机运到加料口上方的加料漏斗中，经加料管布于炉内料坡上。为降低成本，节约材料，反射炉尾部一般装有余热锅炉回收烟气带走的热量，以生产蒸汽。燃烧器安装在炉头端墙上。

（2）铜合金的熔炼

① 铜合金冶炼工艺　铜合金熔炼的一般工艺过程如图 3-18 所示，该工序描述的为铜合金熔炼的一般工艺和铜合金的物理化学特性，铜合金的种类较多，不同种类的铜合金具体的工艺不尽相同，如锡青铜一般不需要添加溶剂。

图 3-18　铜合金熔炼一般工艺

② 原料　熔炼铜合金的主要原料是阴极铜、锌锭、锡锭、铝锭等各种金属，以及铜加工生产过程中的各种废料、边角料等回炉料。新金属的化学成分有严格的要求，需遵循相关国家标准，如高纯阴极铜的化学成分需在 GB/T 467—2010 规定范围内。废料、边角料等回炉料需根据化学成分进行配料。

③ 熔炼设备　目前，铜合金的熔炼主要采用反射炉，如图 3-17 所示，炼铜反射炉便可以熔炼铜合金，不再赘述。本节介绍电阻坩埚炉，其结构如图 3-19 所示。

电阻坩埚炉是利用电流通过电热体发热加热熔化合金，炉子容量一般为 100~500kg，大炉子容量可达 1500kg。广泛采用的电热体有金属和非金属两种。电阻坩埚炉主要包括坩埚、坩埚托板、石棉板、电阻丝、耐火砖等结构。坩埚炉一般采用固定式结构，浇注中、小件时用手提浇包直接从坩埚内舀出铜液；浇注大件时，吊出坩埚进行浇注。

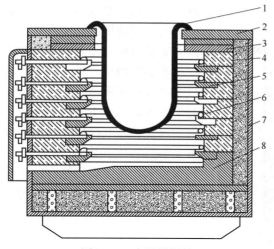

图 3-19　电阻坩埚炉

1—坩埚；2—坩埚托板；3—耐热铸铁板；4—石棉板；5—电阻丝托转；6—电阻丝；7—炉壳；8—耐火砖

# 3.3　无机非金属材料的制备

无机非金属材料种类较多，本节主要介绍陶瓷、玻璃、耐火材料以及水泥等传统无机非金属材料的制备工艺。

### 3.3.1　陶瓷的制备

（1）陶瓷制备工艺

陶瓷的制备工艺比较复杂，但基本的工艺包括：坯料的制备、坯料的成型、坯料的干燥和制品的烧成（烧结）等四个步骤。

坯料制备的主要目的是为成型提供合格的坯料。坯料制备完成后需要经成型才能进行下步工艺，成型方法有基本注浆法、强化注浆法、热压铸成型法、流延成型法、旋压成型法（旋坯）、滚压成型法、塑压成型法、等静压成型法等，其中等静压成型法的应用越来越广泛。干燥工艺分为初始、排出颗粒间隙中水分、排出毛细孔中残余的水分及坯体原料的结合水等三个阶段。坯件经干燥处理后，在窑炉中进行高温烧结，得到质地坚硬、符合需求的成品。除了粉末冶金件烧结的方法外，国内外专家还开发出了一些先进的烧结方法，如微波烧结法、电火花等离子烧结法（SPS）及自蔓延烧结法（SHS）等。

（2）陶瓷制备原材料

陶瓷工业使用的原料品种繁多，从来源上可以分为天然原料和人工合成原料。传统的硅酸盐陶瓷材料所用的原料大部分是天然原料。对于铁电陶瓷、敏感陶瓷等特殊陶瓷制品需要采用特种原料制备，这种原料在自然界中不存在，需人工合成。

① 天然原料　通常，天然原料分为可塑性原料、弱塑性原料及非塑性原料三大类。黏土类原料是自然界中硅酸盐岩石经过长期风化作用形成的土状矿物混合体，与水混合时，具有良好的可塑性，其主要成分是高岭土、伊利石、蒙脱石等黏土矿物。弱塑性原料与水结合时具有较弱的可塑性。非塑性原料的种类很多，二氧化硅（$SiO_2$）是最重要的一种。

② 人工合成原料　人工合成原料可分为氧化物类原料和非氧化物类原料。$Al_2O_3$、

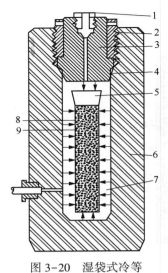

图 3-20　湿袋式冷等
静压成型装置示意图
1—排气塞；2—压紧螺帽；3—压力塞；
4—金属密封圈；5—橡胶塞；
6—高压容器；7—高压溶液；
8—袋模；9—粉料

$MgO$、$ZrO_2$及复合氧化物 $3Al_2O_3 \cdot 2SiO_2$ 等为常见的氧化物类原料，碳化物和氮化物为常见的非氧化物类原料。

（3）陶瓷制备设备

陶瓷制备过程中需要的设备较多，如坯料制备时的研磨机，坯料成型时的成型机，烧成时的烧结炉等。本节仅介绍坯料成型时应用越来越广泛的冷等静压成型机。

通常冷等静压机主要由高压缸、液压系统、框架弹性模具、辅助设备和电气操作箱组成。湿袋式冷等静压成型装置主要由九部分组成，如图 3-20 所示。成型时，首先在弹性模中装入粉末，振实后用橡皮塞塞紧并密封，然后将密封好的弹性模放入压力容器内，并密封容器，最后开动高压油泵至容器内达到最终压力。粉体受到各向均等的压力，从而成型。

### 3.3.2　玻璃的制备

（1）玻璃制备工艺

玻璃制备包括四个工艺：原料的选择、配合料制备、玻璃的熔制以及成型。原料的选择应根据已确定的玻璃的组成、性能要求、原料来源、价格、制备工艺等全方面考虑。配合料制备过程分两步：第一，将原料加工、处理成符合配合料质量要求的原料；第二，根据计算出的玻璃配合料的配方，称量出各种原料的质量，在混料机中均匀混合，制成所要求的配合料。熔制是玻璃生产中的重要工序之一，是配合料经历高温加热形成均匀的、无气泡的、符合成型要求的玻璃液的过程，大致可分为：硅酸盐形成、玻璃形成、澄清、均化及冷却五个阶段。最后，根据玻璃制品的特点，选用不同的成型方法成型，如压制法、吹制法、压延法等。

（2）玻璃制备原料

用于制备玻璃配合料的各种物质统称为玻璃原料。根据用量和作用不同，玻璃原料分为主要原料和辅助原料。主要原料是指向玻璃中引入各种组成氧化物的原料，如石英、长石、石灰石、纯碱、硼砂、硼酸等。辅助原料是使玻璃获得某些必要的性质和加速熔制过程的原料，用量较少。辅助原料根据作用不同可分为澄清剂、着色剂、乳浊剂、氧化剂、助溶剂等。

（3）玻璃制备设备

根据玻璃的生产工艺，玻璃制备过程中用到的主要设备有称量配合料的磅秤或台秤、混料机、送料设备、玻璃粒化机、玻璃熔制窑、成型设备(吹管、拉管机、供料道及供料机等)等。

### 3.3.3　耐火材料的制备

（1）耐火材料制备工艺

耐火材料的制备一般包括耐火原料的加工、坯料的制备、成型、干燥及烧成等五个工艺阶段，每个阶段都包含有几部分组成。耐火原料的加工包括选矿和原料煅烧。原料煅烧的目的是除去结晶水、碳酸根和易挥发物，使耐火材料制品在烧成或高温下直接使用时体积能基本稳定。耐火材料一般都由粉料颗粒制备而成，坯料由粉料颗粒按一定比例与粒度组成配合，加入水或者其他结合剂，混合而成。坯料制备一般包括配料和混炼两部分。坯料经外力和模型，成为具有一定尺寸、形状和强度的坯体的过程称为成型。按照坯料含水量，成型方法可以分为半干法、可塑法、注浆法，除上述方法，还有热压成型、等静压成型等方法。坯体干燥的目的是提高机械强度，为装窑操作提供便利。烧成是耐火材料制备的最后一道工序，是一个非常复杂的高温过程，该阶段，坯料发生一系列的物理化学变化，形成具有稳定的矿物组成和足够强度的致密烧结体。

（2）耐火材料制备原料

自然界中天然耐火材料较多，如氧化物、硅酸盐和铝硅酸盐，但是由于杂质较多，成分不稳定，性能波动较大，只有少数原料可直接使用。人工合成耐火原料发展迅速，是高性能和高技术耐火材料的主要原料。常用的人工合成耐火材料有：莫来石、镁铝尖晶石、锆莫来石、堇青石、钛酸铝、碳化硅、氮化硅等。

（3）耐火材料制备设备

根据制备工艺，耐火材料制备过程中用到的主要设备有粉碎机（鄂式破碎机、对辊破碎机、圆锥破碎机、管磨机等）、混合设备（湿碾机、行星式强制混合机、高速混合机等）、成型设备（高压压球机、摩擦压砖机、液压压砖机、等静压机等）、干燥设备（转筒干燥器、气流干燥器、喷雾干燥器等）、燃烧设备（固体燃料汽化及煤气发生炉等）、烧制窑（竖窑、回转窑、隧道窑等）。

### 3.3.4 水泥的制备

细磨成粉状，加入适量水后可成为塑性浆体，既能在空气中硬化，又能在水中继续硬化，并能将砂石等材料胶结在一起的水硬性胶凝材料统称为水泥。本节主要介绍生活中常见的通用硅酸盐水泥的制备。

（1）通用硅酸盐水泥的生产流程

通用硅酸盐水泥是以硅酸钙为主要成分的熟料所制得的系列水泥的总称，其生产过程可分为三个阶段：生料制备、熟料燃烧和水泥制成，即"两磨一烧"。生料制备是指钙质原料、硅铝质原料与铁质原料经破碎后按一定比例配合、磨细，并配合为成分合适、质量均匀的生料。熟料燃烧是指生料在窑中煅烧至部分熔融，得到以硅酸钙为主要成分的硅酸盐水泥熟料。水泥的制成是指熟料中添加适量石膏，有时还添加适量混合材料或外加剂，共同磨细成为水泥。

（2）通用硅酸盐水泥制备原料

制造硅酸盐水泥的主要原料是钙质原料和硅铝质原料。但是我国硅铝质原料中氧化铁含量不足，所以还需要铁质原料。钙质原料主要为水泥提供氧化钙，有石灰岩、泥灰岩、白垩等，我国主要使用的原料是石灰岩。天然硅铝质原料主要提供氧化硅和氧化铝，有黄土、黏土、页岩、泥岩等。铁质原料主要提供氧化铁，有硫酸渣、铜矿渣和低品位铁矿石等。

（3）通用硅酸盐水泥制备设备

根据制备工艺，水泥制备过程中用到的主要设备有粉碎机（锤式破碎机、双辊式破碎机、反击式破碎机等）、原料粉磨设备（球磨机、辊压机等）、预分解窑煅烧设备（分解炉、回转窑、燃烧器、空气冷却系统等）、水泥制成设备（立磨预粉磨机等）。

# 3.4 高分子材料的制备

高分子材料通常是指塑料、橡胶、化学纤维、涂料等材料。塑料和橡胶的差别主要在于它们的玻璃化温度。前者玻璃化温度高于室温，室温下为玻璃态，呈现塑性；后者的玻璃化温度低于室温，室温下呈现弹性。本节介绍高分子材料的合成，其聚合物是塑料及橡胶成型加工的原料。

### 3.4.1 单体制备

合成高聚物的原料称为单体。按高聚物的合成方法，单体可以分为加聚型单体和缩聚型单体。加聚型单体一般含有双键、共轭键或环形结构，缩聚型单体一般含有两个或两个以上官能团的化合物或环状物。

目前，主要的单体制备线路有：石油化工路线、煤炭路线、农副产品路线。另外，空气中的氮、海水中的氯、植物纤维素和天然橡胶等也能制备单体。石油化工路线是目前最重要的单体制备方法，本小节作简单介绍。

石油化工路线的原料为汽油、煤油、柴油等原油炼制物，通过对他们进行高温裂解得到单体，如乙烯、丙烯、丁烯等低碳烃，其简单工艺流程为：粗馏、常压蒸馏、减压蒸馏、裂解（处理沸点350℃以下的液态烃）生成单体（乙烯、丙烯等）。单体制备时用到的主要设备有减压蒸馏釜、换热器、真空泵、裂解炉（管式炉、蓄热炉）等。

### 3.4.2 加聚型聚合物的制备

加聚型单体，即含有不饱和键（双键、三键等）的单体（如乙烯、二烯类化合物）在催化剂、引发剂、辐射等外加条件下相互加成，形成新的共价键相连的大分子的反应，制备过程中无副产物生成。加聚型聚合物广泛应用于合成橡胶、塑料、合成纤维等的原料。

（1）加聚型聚合物制备方法

加聚型聚合物分为均聚物和共聚物，均聚物由一种单体加聚而成，共聚物由两种或两种以上的单体加聚而成。加聚型聚合物的合成方法主要包括本体聚合法、乳液聚合法、悬浮液聚合法和溶液聚合法。

① 本体聚合法　不添加其他溶剂，只有单体，少量引发剂或催化剂参加的聚合反应过程，称为本体聚合。本体聚合的特点是组分少，产品纯度高、透明度高；工艺简单，不需要回收溶剂，后处理简单；反应体系黏度大，反应热量大，温度、工艺不宜控制等特点。本体聚合法主要用于制备高压聚乙烯、聚氯乙烯、聚甲基丙烯酸甲酯（有机玻璃，PMMA）等。

② 乳液聚合法　在乳化剂和机械搅拌的作用下，单体在水中分散形成乳状液，然后进行的聚合称为乳液聚合。乳液聚合时，乳液体系由单体、水、乳化剂、引发剂组成；反应乳液黏度低，聚合速度快，反应温度易于控制；能够聚合分子量较高的聚合物。但是，由于加入了稳定剂和乳化剂，产品纯度降低。乳液聚合主要用于合成橡胶（丁晴橡胶、丁苯橡胶等）、聚氯乙烯（PVC）和涂料。

③ 悬浮聚合方法　悬浮聚合又称珠状聚合，是指在悬浮介质（通常是水）中加入分散剂，经强烈机械搅拌将单体分散成悬浮态的小液滴，在油溶性引发剂引发下进行的聚合反应。悬浮聚合产物可以是透明的小圆珠，也可以是无规则的固体粉末。悬浮聚合时，悬浮液体系由单体、水、引发剂和分散剂组成；反应散热、温度控制等均比本体聚合好。但是，产品纯度、透明度受到影响，能够制备分子量稍低于乳液聚合的聚合物，如聚苯乙烯、聚氯乙烯等。

（2）加聚型聚合物制备原料

加聚型聚合物的制备原料为含有不饱和键（双键、三键等）的单体（如乙烯、二烯类化合物）。

（3）加聚型聚合物制备合成设备

加聚型聚合物的聚合反应设备主要有反应器（如釜式反应器、管式反应器等）和换热设备(排热设备加热设备)。管式反应器主要靠套管内流动的冷却介质排除反应热，釜式反应器的排热方式较多，如夹套、蛇管、外冷等。加热设备有高频电感加热器、锅炉、电阻加热器等。

### 3.4.3　缩聚型聚合物的制备

一种或多种单体相互缩合聚合而形成的聚合物，缩合过程中伴有水、氨、醇等小分子量副产物生成。

（1）缩聚型聚合物制备方法

与加聚型聚合物相同，缩聚型聚合物也分为均缩聚物和共缩聚物。工业生产中的主要缩聚反应方法有熔融缩聚法、溶液缩聚法、界面缩聚法和固相缩聚法。

① 熔融缩聚法　将一定配比的单体、催化剂和分子质量调节剂加入到反应器中，在高于聚合物熔点 10~20℃ 的温度下进行的缩聚反应。熔融缩聚时不添加溶剂，产品质量好，生产率较高，但是，为了控制聚合物的分子量，通常加入分子量调节剂。为避免聚合物氧化、降解，熔融缩聚需在惰性气体保护气氛中进行，不适用于制备高熔点聚合物。因此，熔融缩聚主要用于制备聚酰胺、聚酯、聚氨酯等。

② 溶液缩聚法　溶液缩聚是指单体、催化剂等加入到溶剂中进行的缩聚反应。根据反应温度的差异，溶液缩聚可以分为高温溶液缩聚和低温溶液缩聚；按缩聚产物在溶剂中的溶解性，可以分为均相溶液缩聚和非均相溶液缩聚。溶液缩聚主要用于生产酚醛树脂、环氧树脂、聚芳酰酯、聚芳酯等。

（2）缩聚型聚合物制备原料

缩聚型聚合物的制备原料为含有两个或两个以上官能团的低分子化合物，如羟基（—OH）、氨基（—NH$_2$）、酯基（—COOR）等。

（3）缩聚型聚合物制备合成设备

缩聚型聚合物的聚合反应设备主要包括反应器（如塔式反应器等）和换热设备（排热设备加热设备）。加热设备有炉灶、锅炉、电阻加热器、导热油炉等。

# 3.5　复合材料的制备

一般情况下，复合材料的制备过程也是其制品成型的过程。材料的性能需要根据制品的使用要求进行设计，因此，为满足成品的物理化学、外观、结构等方面的要求，成型时必须要先进行配比设计，制造材料和成型方法确认等工作。复合材料的分类方法较多，其中按照基体材料的种类，复合材料可以分为金属基复合材料、陶瓷基复合材料以及树脂基复合材料。本节分别介绍这三种复合材料的成型工艺。

### 3.5.1　金属基复合材料的制备

金属基复合材料中基体和增强体材料的性能不同，金属基体与增强体材料之间的润湿性以及适当的界面结合是制备金属基复合材料的关键。

（1）金属基复合材料的制备工艺

① 固态法　固态法是指基体在固体状态下制造金属基复合材料的方法。反应过程中尽量避免金属基体和增强体材料之间的界面反应。目前该方法已经用于多种金属基复合材料制品的生产，如 SiC/Al、SiC/TiC/Al、B/Al、C/Al 等。固态法制备金属基复合材料的方法主要包括扩散黏结法、形变法和粉末冶金法。扩散黏结法是在较长时间、较高温度和压力下，

通过金属互扩散而黏结在一起的工艺方法。扩散黏结过程分为三个阶段：黏结表面之间的最初接触；界面扩散、渗透，接触面形成黏结状态；扩散结合界面最终消失。常用的压制方法有热压法、热等静压法和热轧法三种。形变法就是利用金属的塑性成型，通过热轧、热拉、热挤压等加工手段，使已复合好的颗粒、纤维增强体金属基复合材料进一步加工成板材。对金属/非金属复合材料，用挤、拉和轧的方法，使复合材料的两相都发生形变，其中作为增强体材料的金属被拉长成纤维状增强体相。粉末冶金是一种用于制备与成型颗粒增强体金属基复合材料的传统固态工艺。用这种方法也可以制造晶须或短纤维增强体的金属基复合材料：将晶须或短纤维与金属粉末充分混合后进行热压制得复合材料。该法可直接制成零件，也可制坯后二次成型。目前该方法已经用于 $SiC/Al$、$TiB_2/Ti$、$Al_2O_3/Al$ 等复合材料制品的生产。

② 液态法　液态法是指基体处于熔融状态下制造金属基复合材料的方法。为了减少高温下基体和增强体材料之间的界面反应，提高基体对增强体材料的浸润性，通常采用表面加压渗透、增强体材料表面处理、基体中添加合金元素等方法。目前该方法已经用于 $C/Al$、$C/Mg$、$C/Cu$、$SiC/Al$、$SiC/Al$ 等复合材料制品的生产。

液态法制备金属基复合材料的方法可分为液态金属浸润法和共喷沉淀法等。液态金属浸润法的实质是熔融态基体金属与增强体材料浸润结合，然后凝固成型，其常用工艺有常压铸造法、挤压铸造法、真空压力浸渍法和液态金属搅拌铸造法。

③ 共喷沉积法　共喷沉积法是使用专用的喷嘴，将液态金属基体通过惰性气体气流的作用雾化成细小的液态金属束流，将增强体相颗粒加入到雾化的金属束流中，与金属液滴混合在一起沉积在衬底上，凝固形成金属基复合材料的方法。共喷沉积的工艺过程包含基体金属熔化，液态金属雾化，颗粒加大及与金属雾化流的混合、沉积和凝固等。

④ 其他方法　金属基复合材料还可以通过物理气相沉积法、化学气相沉积以及原位自生成法制备。原位自生成法是指强化材料在复合材料制造过程中，从基体中生成和生长的方法。按其生长方式，可分为定向凝固法和反应自生成法。

（2）金属基复合材料制备原料

金属基复合材料的制备原料分为基体、纤维和晶须。基体的发展主要集中在铝基、镁基与钛基三种金属；纤维包括陶瓷纤维、硼纤维、SiC 纤维、碳纤维等；晶须包含氧化锌晶须、硼酸铝晶须等。

（3）金属基复合材料制备设备

金属基复合材料制备方法很多，生产设备存在很大差异。以热喷射法制备金属基复合材料为例，该方法的主要设备有超音速火焰喷涂系统及其附属设备，其中喷涂系统主要包括喷枪、电源、冷却系统等。

### 3.5.2　陶瓷基复合材料的制备

陶瓷基复合材料分为两大类：第一类是颗粒、短纤维、晶须等作为增强体，增强体一般不需要特殊处理，多沿用传统陶瓷制备工艺；第二类是连续纤维增强陶瓷基复合材料，纤维的处理、分散、烧结等问题对复合材料性能的影响较大。

（1）陶瓷基复合材料的制备工艺

目前，陶瓷基复合材料的主要成型方法有模压成型、等静压成型、热压成型、注浆成型、注射成型、直接氧化、溶胶-凝胶法等。本节介绍模压成型和热压成型两种方法。

① 模压成型　模压成型是将粉末填充到模具内部后，通过单向或双向加压将粉料压成

所需形状。这种方法操作简单，生产率高，易于自动化，是常用的方法之一。但是，成型时粉料容易发生团聚，使坯体内部密度不均匀，形状精度差，且对模具质量要求高。

② 热压成型法　热压成型是将粉料与蜡或者有机高分子黏结剂混合后，加热使混合料具有一定的流动性，然后将混合料加压注入模具，冷却后得到致密坯体的工艺方法。它适用于形状比较复杂的部件，易于工艺规模生产。缺点是坯体中的蜡含量较高，烧成时排蜡时间长；对于壁薄的工件易发生变形。

（2）陶瓷基复合材料制备原料

陶瓷基复合材料的制备原料分为基体、纤维和晶须。玻璃陶瓷、晶体陶瓷等主要的陶瓷都可以用于陶瓷基复合材料；纤维包括陶瓷纤维、高熔点金属纤维、碳纤维等；晶须包含石墨晶须、硼酸铝晶须等。

（3）陶瓷基复合材料制备设备

陶瓷基复合材料制备方法很多，生产设备存在较大差异。以热压成型法为例，该方法的主要设备是热压成型机，系统主要有热压模具、加热装置、加压装置等。

### 3.5.3　树脂基复合材料的制备

树脂基复合材料构件制造工艺过程中伴随着物理、化学或物理化学的变化，因此，要结合这个特点制定与控制工艺过程，使工艺质量得到保证。

（1）树脂基复合材料的制备工艺

树脂基复合材料成型的方法主要有手糊成型、缠绕成型、喷射成型、袋压成型、拉挤成型、注射成型等。本节介绍手糊、缠绕和喷射等三种常用的成型方法。

① 手糊成型法　手糊成型是用手工或在机械辅助下将强化材料和热固性树脂铺覆在模具上，树脂固化形成复合材料的一种成型方法。手糊成型工艺一般要经过如下工序：原材料准备—模具涂脱模剂—胶液配制—手糊成型—固化—脱模—后处理—检验—制品。

② 缠绕成型法　缠绕法是指把经过浸渍树脂连续纤维束或纤维布带，用手工或机械法按一定规律连续缠绕在芯模上固化制备工件的成型方法。此法易于实现机械化，生产效率较高，制品质量稳定。但工件形状局限性大，适合缠绕球形、圆筒形等回转壳体零件。

③ 喷射成型法　喷射法是指利用压缩空气将树脂和玻璃纤维喷射到模具表面成型的一种方法。喷射成型工艺的材料准备、模具准备等与手糊成型工艺基本相同，主要的不同在于喷射法采用喷枪作业。

（2）树脂基复合材料制备原料

树脂基复合材料的制备原料分为基体、纤维和晶须。基体有环氧树脂、不饱和聚酯和乙烯基酯树脂等；纤维包括陶瓷纤维、玻璃纤维、碳纤维等；晶须包含钛酸钾晶须、硼酸铝晶须等。

（3）树脂基复合材料制备设备

树脂基复合材料制备方法较多，生产设备存在较大差异。以细丝缠绕法为例，该方法的成型设备主要有台架、树脂槽、供料器旋转芯轴等。

## 3.6　纳米材料的制备

纳米材料是指在材料的三维尺度中至少有一维处于纳米尺度范围（1～100nm）或由它们作为基本单元构成的材料。按照存在形式，纳米材料可以分为零维的原子团簇和纳米颗粒、一维调制的纳米多层膜、二维调制的纳米颗粒膜(涂层)以及三维调制的纳米块体材料。

自1984年德国科学家H. Gleiter教授等首次在实验室获得纳米金属颗粒，纳米材料的制备技术经历30余年的发展，已日渐成熟。根据制备原料的状态，纳米材料的制备方法可以分为气相法、液相法和固相法。

### 3.6.1　气相法制备纳米材料

气相法指气态物质发生物理或化学反应，在冷却过程中沉积、凝聚、长大形成纳米微粒的方法。气相反应法包括化学气相反应法、化学气相凝聚法、溅射法、气体蒸发法等，其中应用较多的是蒸发-冷凝法和化学气相反应法。

（1）蒸发-冷凝法

蒸发冷凝法，又称物理气相沉积法，是在真空或者低压的He、Ar等惰性气体中加热材料，然后在气体介质中冷凝后形成纳米颗粒的方法。加热方法包括激光、电弧高频感应、电子束照射等。该方法制备的颗粒表面清洁，颗粒度整齐，生长条件易控制，但是粒径分布范围狭窄。

（2）化学气相反应法

化学气相反应法属化学方法，是气相法制备纳米材料应用最为广泛的方法。该方法是一种或几种含有构成纳米材料元素的化合物在加热的基片上反应、成核、生长、薄膜脱离的过程。常用方法有低温等离子体增强化学气相沉积技术、激光化学气相沉积技术等。该法主要用于生产薄膜，所得纳米材料均匀性好。化学气相反应法的缺点是基片温度高，针对上述缺点，分子束外延作为一种真空蒸发技术，使用的衬底温度低，反应速率慢，更能对反应过程做精准的控制，应用这种技术已生产出几十个原子层甚至是几个原子层的单晶薄膜。

### 3.6.2　液相法制备纳米材料

液相法又称为湿化学法，是在均相溶液中反应生成、分离出溶质，获得一定形状和大小的颗粒(前驱体)，经热解后得到纳米微粒的方法。液相法是使用最多的方法。液相法主要用于氧化物系超微粉的制备，所得粉体具有纯度高、均匀性好等优点，方法设备简单、原料容易获得、化学组成控制准确。根据反应过程的差异，液相法包含沉淀法、水热反应法、喷雾法、乳液法、溶胶-凝胶法，其中水热反应法和溶胶-凝胶法应用较广泛。

（1）水热反应法

水热反应法是指在高温高压的水溶液中进行的一系列物理化学反应。在高温高压的水溶液中，许多化合物表现出与常温下不同的性质。如溶解度增大，离子活度增加，化合物晶体结构易转型等。水热反应正是利用了化合物在高温高压水溶液中的特殊性质，制备纳米粉末。该方法制得的产品纯度高，分散性好，晶型好且尺寸大小可控。

（2）溶胶-凝胶法

溶胶-凝胶法可以在低温下制备纯度高，粒径分布均匀，化学活性高的单、多组份混合物，并可制备传统方法不能或难以制备的材料。

### 3.6.3　固相法制备纳米材料

固相法制备纳米材料是固体材料在不发生熔化、汽化的情况下使原始晶体细化或反应生成纳米晶体的过程。目前，固相法主要有机械合金化、物理粉碎法、深度塑性变形法、非晶晶化法及表面纳米化等。

（1）机械合金化(高能球磨法)

典型的机械合金化是高能球磨法，将两种或两种以上的物质在高能球磨机中球磨，使材料之间发生界面反应得到纯纳米材料。该方法工艺简单，制备效率高，并能制备出常规方法难以获得的高熔点金属和合金纳米材料。成本低，可以制备纯金属纳米材料和纳米金属间化合物等。但是，存在纯度较低、粒径分布不均匀的问题。

（2）物理粉碎法

物理粉碎法是利用超微粉碎机等物理方法将原料直接粉碎研磨成超微粉的方法，具有操作简单、成本较低的特点，但是纯度较低，粒度不易控制，难易获得小于100nm的微粒。近年来，采用助磨剂物理粉碎和超声波粉碎等方法可以获得粒径小于100nm的微粒，但是仍存在产量低、粒径分布不均匀的缺点。

（3）深度塑性变形法

深度塑性变形法是近些年发展起来的一种独特的制备方法，它是指材料在准静态压力作用下自身发生严重塑性变形，从而将材料的晶粒尺寸细化到亚微米级或纳米数量级。

# 4 材料的加工

材料加工一般指人类将材料采用适当的方式，加工成所需要的具有一定形状、尺寸和使用性能的零件或产品。通常，根据加工过程中材料的温度，将金属材料加工分为冷加工和热加工。加工工艺在金属再结晶温度以上进行的为热加工，加工工艺在金属再结晶温度以下进行的为冷加工。铸造、焊接及锻造是材料的典型加工方法，人们通常称之为成型加工。车削、铣削、磨削等加工方式通常被称为机械加工。工件的制造主要由成型加工和机械加工两部分组成。

## 4.1 金属材料的成型加工方法

金属材料成型加工是金属机械制造技术的重要组成部分，它主要包括液态成型工艺（铸造）、塑性成型工艺（锻造、冲压等）、材料连接成型工艺（焊接、胶接等）等。

### 4.1.1 金属材料的铸造

将液态（或熔融态、浆状）材料注入一定形状和尺寸的铸型（或模具）型腔中，待其凝固后获得固态毛坯或零件的方法，称为液态成型。如金属的铸造成型、陶瓷的注浆成型、塑料的注射成型等。本节主要介绍金属的铸造成型工艺。

铸造是指将熔融金属浇入铸型，凝固后获得一定形状和性能铸件的成型方法。铸造技术在我国已有6000年的悠久历史，至今仍是毛坯生产的主要方法，铸造是一切机械工业的基础。在机床、矿山机械、内燃机产品中铸件占总质量的70%~90%，拖拉机、农业机械占40%~70%、汽车占20%~30%。

铸造工艺具有很多优点。铸造可以生产出形状复杂、特别是具有复杂内腔的毛坯和零件；工艺灵活性大，几乎能铸造各种合金任何形状的零件，铸件尺寸壁厚0.5~1m和质量几克至几百吨不受限制；原材料来源广泛，价格低廉，还可直接利用废旧金属料重熔。铸造设备的投资少，见效快，成本低。

同时铸造工艺也存在一些缺点。首先铸造生产工序繁多，工艺过程难以控制，易产生气孔、缩松、缩孔、夹杂及裂纹等缺陷；其次铸件晶粒粗大，其力学性能低于锻件；另外，铸造劳动条件差、生产率低。

铸造工艺方法的种类很多，按照工艺方法，一般可分为砂型铸造和特种铸造两大类。其中，砂型铸造一般分为普通砂型及高压砂型铸造。特种铸造按造型材料的不同，又可分为两大类：一类以天然矿产砂石作为主要造型材料，如熔模铸造、壳型铸造、负压铸造、泥型铸造、陶瓷型铸造等；另一类以金属作为主要铸型材料，如金属型铸造、离心铸造、连续铸造、压力铸造、低压铸造等。常用铸造方法如图4-1所示。

（1）砂型铸造

砂型铸造是指用型砂和芯砂作为造型和制芯材料制备铸型

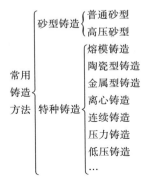

图4-1 常用铸造方法

的铸造方法。砂型铸造设备简单、投资少，价格低廉，应用广泛。工艺方便灵活，不受铸件材质、尺寸、质量和生产批量的限制。然而砂型为一次性砂型，造型工作量大。铸件精度和表面质量差，并易造成铸造缺陷，所以废品率高，机械性能较差。

① 砂型铸造工艺流程　砂型铸造工艺流程如图4-2所示，主要工艺流程如下：

a. 准备铸型先将放大收缩量的模样与芯盒做好，再按要求准备好砂铸型。

b. 浇注金属先熔炼好合格的液态金属，再将液态金属浇注满铸型型腔。

c. 落砂清理待液态金属在铸型型腔内凝固成型并冷却后，扒箱落砂与检验，从而得到一定形状和尺寸并带有浇冒口的铸件。

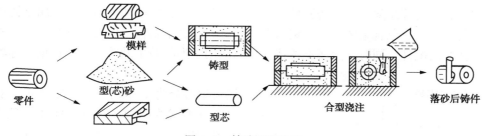

图4-2　铸造工艺流程

② 造型材料　用来制造铸型或型芯的材料统称为造型材料。砂型铸造的造型材料包括型砂、芯砂和涂料等。型砂由砂、黏结剂、附加物和水等组成。芯砂一般采用石英砂，也可以采用铬矿砂、锆砂等特种砂。黏结剂多用黏土和膨润土，也可采用水玻璃、植物油等。上述材料按一定比例配制形成型砂和芯砂。涂料是在型腔和型芯工作表面涂刷的一层耐火材料，将金属液与型腔壁分离，防止金属液直接冲击型壁。

型砂和芯砂必须具有可塑性，即在外力作用下，型砂能够获得清晰的轮廓，外力去除后仍能保持形状完整性。同时型砂应具有合适的强度，当砂型和型芯强度不足时，会造成塌箱、冲砂等缺陷。另外液态金属浇注时，铸型、型芯及金属内部在高温下会产生大量气体，良好的透气性能够避免凝固后的铸件内部形成气孔。在高温金属液体的作用下型砂不能发生软化、熔化等现象。否则，熔化的砂粒会黏结在工件表面，难以清除，对后续的加工造成严重影响，同时还会影响铸件性能，甚至造成铸件的报废。随着铸件的冷却收缩，型砂被压缩时应具有一定的退让性。退让性差时，铸件收缩受阻，易产生应力，造成工件变形及裂纹。

③ 造型方法　准备砂型常简称为造型和制芯，这既是砂型铸造中最基本的工序，也是砂型铸造最重要的方法，它对铸件质量、生产率和成本影响很大。按紧实型砂和起模方法，砂型铸造可分为手工造型和机器造型两大类。

全部用手或手动工具完成的造型称为手工造型。手工造型操作灵活，工艺装备简单，适应性强，铸型成本低。但铸件质量差，劳动强度高，生产率低。因此，手工造型主要用于单件和小批量的铸件生产。

机器造型是现代化车间的基本造型方法，填砂、紧实、起模等过程均采用机器完成。机器造型可以有效提高生产效率，铸件质量，并能够有效降低劳动强度。但是，设备及工装模具投资大，生产准备周期长。因此，机器造型主要用于成批大量生产。

（2）特种铸造

砂型铸造的铸件质量较差，生产率较低。通过改变铸型材料、铸造工艺等方法可以有效提高铸件质量和生产率，因此，发展出了特种铸造方法，如熔模铸造、金属型铸造、压力铸造、离心铸造等。

① 金属型铸造　将液态金属注入金属铸型中，获得铸件的方法为金属型铸造。金属型铸造一般采用铸铁或铸钢制备，能反复使用，所以又称为永久性铸造。

与砂型铸造相比，金属型铸造一型多铸，节约造型材料，同时大大提高了劳动生产率和造型场地的利用率，适合大批量生产。铸件的精度可达 IT14～IT12，表面粗糙度 $R_a = 25 \sim 12.5\mu m$，可以减少后续的机械加工工作量。金属铸型冷却速度快，铸件的结晶组织细密，提高了铸件的力学性能。但是金属型铸造成本高，制造周期长；铸件的结构形状不能太复杂，且不适宜生产尺寸过大过薄的铸件；同时，由于金属型无退让性，且透气性较差，铸件易产生裂纹和气孔等缺陷；浇注铸铁件时易产生白口组织，切削加工困难。金属型铸造主要适用于大批量生产有色合金铸件，如铝活塞、气缸、铜合金轴瓦、轴套等汽车、拖拉机、内燃机、摩托车的配件。同时，金属型铸造也可以应用于形状简单的铸铁件和铸钢件等黑色金属件。

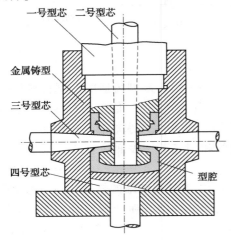

图 4-3　铸造铝活塞用的金属型

金属铸型可分为整体式、垂直分型式、水平分型式和复合分型式等四种。其中，垂直分型式便于开设内浇道和取出铸件，同时也易于机械化，所以应用最广。图 4-3 所示为铸造铝活塞用的金属型，由两个半型用铰链连接。

② 熔模铸造　熔模铸造也称精密铸造，是指用易熔材料制成和铸件形状相同的模样，在模样表面涂挂几层耐火涂料和石英砂，经硬化、干燥后将模样熔化排出，得到无分型面中空的铸型壳，经干燥和高温焙烧，在铸型壳中浇入液态合金，获得铸件的工艺方法。由于模样广泛采用蜡制材料制造，所以熔模铸造又称"失蜡铸造"。

由于铸型精密，没有分型面，熔模铸造尺寸精度可达 IT14～IT11，表面粗糙度可达 $R_a = 6.3 \sim 1.6\mu m$，可实现少或无切屑加工。如果将铸型型壳预热后浇注，还可铸造出形状复杂的薄壁件（最小壁厚达 0.7mm）。由于型壳用高级耐火材料制成，故能铸造各种合金，特别适用于高熔点合金及难切削加工合金（如高锰钢、磁钢及耐热合合金钢等）的铸造。熔模铸造既能用于大批量生产，也能用于单件小批量生产，能实现机械化流水生产。但是熔模铸造工艺繁琐，生产周期长，并且造型材料昂贵，铸件的成本较高。另外，由于受型壳强度及蜡模变形的限制，熔模铸造一般使用于小型零件的铸造。目前，熔模铸造主要用于生产汽轮机及涡轮发动机的叶片，泵的叶轮，大型切削刀具，汽车、拖拉机和机床上的小型零件。

熔模铸造的工艺过程如图 4-4 所示，主要包括制母模、制金属型、制蜡模、焊蜡模组、制型壳、脱模、造型和焙烧、浇注、破壳清理。

③ 压力铸造　将熔融金属在高压下高速射入金属铸型内，并在压力下凝固结晶的铸造方法称为压力铸造。通常在压铸机上进行，常用压铸比压为 5～150MPa，金属流速达 5～100m/s。高速和高压是压力铸造区别于一般金属型铸造的特征。

压铸是所有铸造方法中生产率最高的一种，并且操作十分简便，易于实现半自化与自动化生产。铸件精度可达 IT13～IT11，表面粗糙度为 6.3～3.2μm。另外，压铸是在高压下将

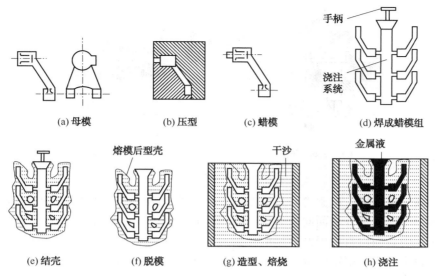

(a) 母模     (b) 压型     (c) 蜡模     (d) 焊成蜡模组

(e) 结壳     (f) 脱模     (g) 造型、焙烧     (h) 浇注

图 4-4 熔模铸造工艺流程示意图

金属液体压入压铸模型腔，铸造过程中的高压极大地提高了合金的流动性，因此，适合浇注薄而复杂的精密铸件，并可以直接铸出各种孔眼、螺纹和齿形。由于压铸模散热快，金属在压力下结晶，铸件的组织细密，因此，强度比砂型铸造提高 20%～40%。但是压铸机造价高，压铸型结构复杂，制造费用高，生产费用高，生产周期长，适用于大批量生产。金属液充型速度高，凝固快，补缩困难，铸件易产生小孔和缩松等缺陷，且压铸件不能通过热处理来提高力学性能。压力铸造主要用于大批量生产有色金属铸件，如汽车、精密仪器、航空、航海及电气仪表等工业所需的铝合金、镁合金、锌合金及铜合金工件。

压力铸造的工艺过程如图 4-5 所示，包括型腔内喷射涂料、合型及浇注金属液、加压开型及顶出铸件等过程。

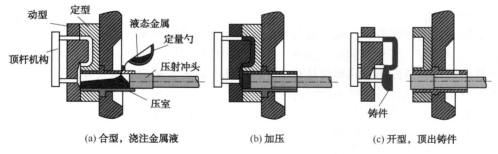

(a) 合型，浇注金属液     (b) 加压     (c) 开型，顶出铸件

图 4-5 压铸工艺流程示意图

④ 离心铸造   离心铸造是将液态金属浇入高速旋转的铸型中，使金属液在离心力的作用下充填铸型并结晶得到铸件的方法。离心铸造的工作原理如图 4-6 所示。

按旋转轴的空间分布离心铸造可分为立式、卧式和斜式三种。立式离心铸型绕垂直地平面的轴旋转，便于固定及浇注，适用于铸造高度小于直径的盘类、环类以及较小的非圆形铸件。卧式离心铸型旋转轴与地平面平行，铸件各部分冷却速度和成型条件相同，结晶均匀致密，力学性能较好，应用较广泛。主要用于铸造套类、管类等工件，如灰铸铁、球墨铸铁的水管及煤气管道，管径最大可达 3000mm。

离心铸造是金属液在离心力作用下充型和凝固，不需要浇冒口，工艺简单，生产率和金

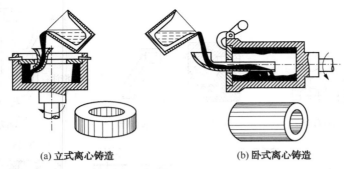

(a) 立式离心铸造　　　　　　　(b) 卧式离心铸造

图 4-6　离心铸造示意图

属的利用率高，成本低。由于离心力的作用，金属液中的气体和夹杂物因密度小而集中在铸件的内表面，金属液从外表面向内表面凝固，因此，铸件组织致密，无缩孔、气孔、夹渣等缺陷。但是，内表面由自由表面所形成，其内孔，尺寸误差大，质量差。因此，对于重力偏析较大的合金不适用，如镁合金、铝合金、铅青铜等。目前离心铸造主要用于生产空心回转体铸件，如铸铁管、汽缸套、活塞环及滑动轴承等，也可用于生产双金属铸件。

⑤ 其他铸造技术：

a. 消失模铸造技术　消失模铸造技术是美国人 H. F. Shroyer 于 1958 年发明的一种精确成型的铸造新技术，4 年后该技术实现实用化。发明前期，消失模铸造应用范围较窄，专门用来生产汽车用压模等单件大型铸件，只做 2~3 件铸件，主要采用泡沫塑料模实现。直到 20 世纪 80 年代，消失模铸造技术才获得大规模的应用。

消失模铸造是采用与铸件尺寸形状相似的泡沫塑料模样，刷涂耐火涂料和充分干燥后放入砂箱内，充填干砂、振动造型，在常压或负压下浇注，使泡沫塑料模汽化、消失，合金液取代原泡沫塑料模样，凝固冷却后形成铸件的一种铸造方法。

b. V 法铸造　V 法铸造的原理是在砂箱内充填不含黏结剂的干燥砂，砂型的外表面与内腔表面都以塑料薄膜密封，用真空泵将铸型砂粒间隙内的空气抽出，使铸型成负压(真空)状态，砂型受到的压力为一个大气压。砂粒之间产生的摩擦力可以保持铸型形状的稳定。所以本法又称为真空薄膜造型、减压造型和负压造型，通常称为 V 法铸造或 V 法造型。

c. 双金属铸造　双金属铸造是指把两种或两种以上具有不同性能的金属材料铸造成为一件完整的铸件，铸件的不同部位具有不同的性能。目前，采用双金属铸造工艺制造的双金属抗磨材料和耐腐蚀材料取得了良好的应用前景。

双金属铸造工艺常见的有：双液复合铸造工艺(包括重力铸造和离心铸造等)和镶铸工艺。将两种不同成分、性能的铸造合金分别熔化后，按特定的浇注方式或浇注系统，先后注入同一铸型内，即称双液复合铸造工艺。将一种合金预制成一定形状的镶块，镶铸到另一种合金内，得到兼有两种或多种特性的双金属铸件，即为镶铸工艺。

d. 快速成型　快速成型技术是集高分子树脂、CAD/CAM、数控技术、激光技术和新材料科学为一体的综合技术，并由 VP、RP、RT 三种技术有机组合而成。

VP 技术为虚拟言行且偏向于仿真、虚拟现实、制造工艺设计等。RP 技术为快速原型且基于实体分层制造技术，主要采用特殊固、液材料直接在短时间内制造出物理实体的制造方式。RT 技术为快速模具制造技术，是在吸纳 RP 技术基础上进行快速制模的一种新工艺。

快速成型技术采用模具的三维数据和分层制造技术直接制造模样或工件，譬如，激光束逐层扫描固化光敏树脂、激光束逐层扫描烧结粉末、激光束逐层黏结和切割金属板料并叠加成产品原型。

#### 4.1.2 金属材料的锻造

锻造是利用工具或模具使金属毛坯发生塑性变形，获得具有一定形状、尺寸和内部组织结构的工件的压力加工方法。由原材料成为合格的锻件涉及的工艺比较多，主要包含有：原材料、设备、模具、工艺等。常用锻造方法按照所用设备和工件，可以分为自由锻造（简称自由锻）和模型锻造（简称模锻），其中模锻分为锤上模锻、胎模锻造（简称胎模锻）和压力模锻，如图4-7所示。

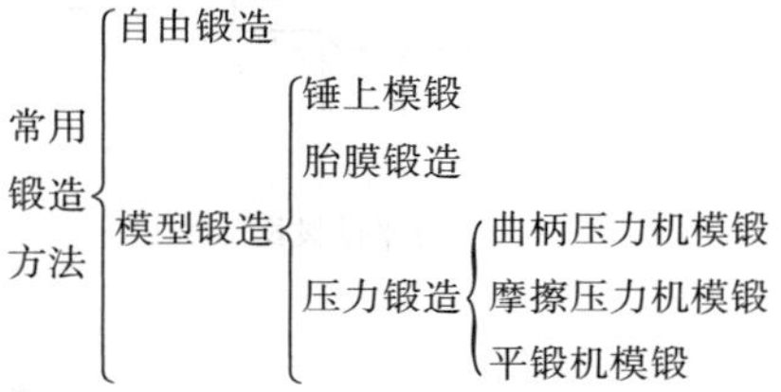

（1）自由锻造

自由锻是在自由锻设备上采用简单的通用性工具对坯料施加外力，使坯料变形获得所需的几何形状和内部质量的锻件的锻造方法。

① 自由锻分类和特点　自由锻分为手工自由锻和机器自由锻。手工自由锻只能生产小型锻件，生产率较低，机器自由锻是自由锻的主要方法。

$$
\text{常用锻造方法}
\begin{cases}
\text{自由锻造} \\
\text{模型锻造}
\begin{cases}
\text{锤上模锻} \\
\text{胎膜锻造} \\
\text{压力锻造}
\begin{cases}
\text{曲柄压力机模锻} \\
\text{摩擦压力机模锻} \\
\text{平锻机模锻}
\end{cases}
\end{cases}
\end{cases}
$$

图4-7　常用锻造方法分类

自由锻使用工具简单，其可锻造的锻件质量分布较广，从不足一千克到数百吨的坯料均可以采用自由锻锻造。特别适用于单件小批量水轮机主轴、连杆等大型锻件。自由锻制得的毛坯力学性能高，对于要求承载高、力学性能好的重型机械特别重要。

按照锻造设备对坯料作用力性质，自由锻设备可分为锻锤和液压机两类。锻锤产生冲击力造成金属坯料变形，常用的锻锤有空气锤和蒸汽-空气锤。空气锤吨位较小，只用以锻造小型件。蒸汽-空气锤吨位较大，可用于锻件质量小于1.5t的锻件。液压机产生的压力使金属变形，其中吨位较大的水压机可以锻造质量达300t的锻件，在金属变形中无振动且能达到加大锻深，因此，液压机是巨型锻件的唯一成型设备。

② 自由锻基本工序　自由锻工序包括基本工序、辅助工序和修整工序。改变毛坯的形状和尺寸以获得锻件的工序为基本工序，如镦粗、拔长、冲孔、芯轴扩孔、芯轴拔长、弯曲、错移等。辅助工序是为了配合基本工序使坯料预先变形的工序，如钢锭倒棱，阶梯轴分段压痕等。修整工序安排在基本工序之后用来修整锻件尺寸和形状，如镦粗后的鼓形滚圆和界面滚圆等。

a. 镦粗工序。在外力作用方向垂直于变形方向，使坯料高度减小，截面积增大的锻造工序。镦粗主要有平砧镦粗、垫环镦粗以及局部镦粗。平砧镦粗是指坯料完全在上、下平砧间或镦粗平板间进行的镦粗，如图4-8（a）所示。垫环镦粗是指坯料在单个或者两个以上垫环间的镦粗，如图4-8（b）所示。局部镦粗是指对坯料的局部进行的镦粗，如图4-8（c）所示。

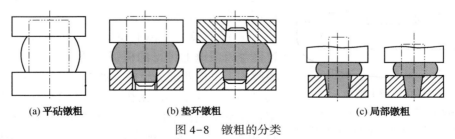

(a) 平砧镦粗　　　　(b) 垫环镦粗　　　　(c) 局部镦粗

图4-8　镦粗的分类

b. 拔长工序。坯料的横截面减小，而长度增加的锻造工序。拔长是通过逐次送进和反复转动坯料进行压缩变形，所以生产效率较低。拔长工序主要包括平砧拔长、局部拔长、芯轴拔长和带芯棒拔长等，如图4-9所示。平砧拔长主要用于制造长度较大的轴类锻件，如主轴、传动轴等。带芯棒拔长用于制造空心件和圆环等。

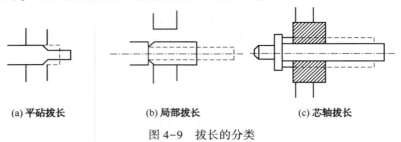

(a) 平砧拔长　　　　(b) 局部拔长　　　　(c) 芯轴拔长

图4-9　拔长的分类

c. 冲孔工序。将坯料冲出通孔或不通孔的锻造工序为冲孔。常用的冲孔方法有实心冲子冲孔、空心冲子冲孔和垫环冲孔等。一般锻件通孔采用实心冲头双面冲孔，如图4-10所示，先将孔冲到坯料厚度的60%～80%深，然后将毛坯翻转180°，再用冲子从另外一面冲穿。冲孔偏心时，可局部冷却薄壁处，再冲孔校正。而对于厚度较小的坯料，可采用单面冲孔的方式。

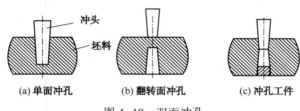

冲头

坯料

(a) 单面冲孔　　　　(b) 翻转面冲孔　　　　(c) 冲孔工件

图4-10　双面冲孔

（2）模型锻造

模锻是利用模具使毛坯变形而获得锻件的锻造方法。模锻时坯料在模具模膛中被迫塑性流动变形，因此，模锻锻件的质量高于自由锻锻件的质量。

与自由锻相比，模锻锻件精度高，尺寸精确，锻造流线组织合理，能够有效提高工件力学性能，提高工件寿命。另外，模锻还具有生产率高、金属消耗少的特点。但是，模锻需要锻造能力强的设备和模具，每种锻模只能加工一种锻件，模锻成本高。因此，模锻适合中、小型锻件的大批量生产，目前广泛应用于汽车、航空航天、国防工业中。

按照使用设备的不同，模锻可以分为锤上模锻、胎模锻造与压力机上模锻。其中锤上模锻是目前我国应用最多的一种模锻方法。

① 锤上模锻　锤上模锻是指在蒸汽-空气锤、高速锤等模锻锤上进行的模锻。锤上模锻的锻模由开有模膛的上下模两部分组成，如图4-11所示。上模和下模（图4-11中2、4）由楔铁（图4-11中6、7、10）固定在锤头下端（图4-11中1）和模垫的燕尾槽内（图4-11中5）。模锻时，把高温的金属坯料放进下模的模膛中，开启模锻锤，锤头带动上模下合锤击坯料，金属

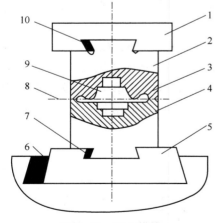

图4-11　锤上模锻

1—锤头；2—上模；3—飞边槽；
4—下模；5—模垫；6, 7, 10—紧固楔铁；
8—分模面；9—模膛

在模腔内成型。

模锻模腔可以分为预锻模腔和终锻模腔。预锻模腔的作用是使坯料变形接近锻件的形状和尺寸，使金属易于充满终锻模腔。终锻模腔的作用是最终获得成品的锻件。

根据模锻件的复杂程度，锻件需要经历不同的变形次数，因此，可将锻模设计成单腔锻模和多腔锻模。单腔锻模是在一副锻模上只有终锻模腔，锻件可一次锻造直接成型，如齿轮锻件可在圆柱坯料上通过一次锻造直接成型。对于形状复杂的锻件，单腔锻模不能成型，需要几个模腔逐步使坯料变形，最终成型，即多腔锻模，如弯曲连杆模锻。

② 胎模锻　胎模锻是在自由锻造设备上使用胎模生产模锻件的工艺方法。通常用自由锻方法使坯料初步成型，然后将坯料放在胎模模腔中终锻成型。与锤上模锻不同，胎模一般不固定在锤头和模垫上，而是用工具夹持，平放在模垫上。

与锤上锻造相比，胎模锻的生产效率较低，锻件精度同样不高，但是胎模锻灵活、适应性强，无需昂贵的模锻设备。因此，生产量小的中、小型锻件，尤其在没有模锻设备的中、小型工厂中被广泛采用。

按结构，胎模锻可分为扣模、套筒模和合模三种类型。

扣模用于非回转体锻件的扣型和制坯。套筒模主要用于锻造齿轮、法兰等回转体盘类锻件。合模主要用于生产形状较复杂的非回转体锻件。

③ 压力机上模锻　利用曲柄压力机、摩擦压力机和平锻机等进行模锻的工艺称为压力机上模锻，其变形速度低，可以锻造塑性低的材料。在一个行程中完成一个工步，生产效率高。锻件精度高，加工余量小。振动小，劳动条件好。但设备及模具复杂，成本高。

### 4.1.3　金属材料的冲压

利用冲模使板料产生分离或变形，获得工件的加工方法。通常，冲压成型在常温下进行，称为冷冲压。只有板料厚度超过 8mm 时，才采用热冲压。

板材冲压成型工艺过程便于实现机械化和自动化，生产率高，操作方便，零件成本低。可冲压出形状复杂的零件，废料较少。工件精度高，表面粗糙度低，尺寸稳定，互换性好。板材冲压常用的原材料有低碳钢和有色金属等，材料消耗小、冲压件质量轻、强度高、刚性好。但是，冲模的材料和制造成本高、制造复杂。因此，冲压成型仅适用于大批量的生产。在各种制造金属成品的工业部门都广泛采用冲压成型技术，如飞机零件、汽车零件、仪表等工件的制造。还可以应用于非金属加工，如纸板、纤维板、石棉板等。

冲压零件的生产包括三要素，即合理的冲压成型工艺、先进的模具以及高效的冲压设备。常用的冲压生产设备有剪床和压力机。剪床主要把板料剪切成一定宽度的条料。压力机主要用来实现冲压工序，以制成一定形状、尺寸的工件。冲压模具包括冲裁模、弯曲模、拉伸模、成型模等。在冲床的一次行程中只完成一道工序的冲模为简单冲模。在压力机的一次行程中，在同一工位上同时完成两道或两道以上冲压工序的模具为复合模。在毛坯的送进方向上，具有两个或两个以上的工位，在压力机的一次行程中，不同的工位上同时完成两道或两道以上冲压工序的模具为级进模或称连续模。

冲压成型的基本工序由分离工序和成型工序组成。分离工序指坯料在冲压力作用下，变形部分的应力达到材料的抗拉极限后，使坯料发生断裂而产生分离。分离工序主要有落料、冲孔、切断、修边等。图 4-12 所示为基本分离工序示意图。落料是用模具沿封闭线冲切板料，冲下的部分为工件，其余部分为废料。冲孔同样是用模具沿封闭线冲切板料，然而冲下的部分为废料，其余部分为工件。切断是用剪刀或模具切断板材，切断线不封闭。修边是将拉深或成型后的半成品边缘部分的多余材料切掉。

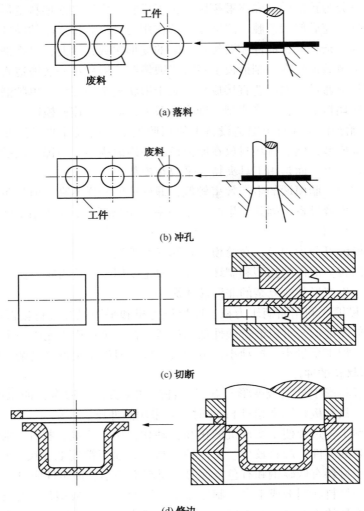

(a) 落料

(b) 冲孔

(c) 切断

(d) 修边

图 4-12　基本分离工序

成型工序是指坯料在冲压力作用下，变形部分的应力达到屈服极限，但未达到强度极限，使坯料产生塑性变形，成为具有一定形状、尺寸与精度工件的加工工序。成型工序主要有弯曲、拉深、胀形、翻边、缩口、卷圆等。图 4-13 所示为基本成型工序示意图。弯曲是将平板毛坯压弯成一定角度或将已弯件作进一步成型，如：压弯、卷边、扭曲等。拉深是将平板毛坯压延成空心件，或使空心毛坯作进一步变形，常用于筒形结构的制造。胀形指从空心件内部施加径向压力使局部直径胀大，例如不锈钢茶壶、水杯等。缩口指在空心件外部施加压力，使局部直径缩小，常用于不锈钢杯盖、罐类等产品。卷圆是用卷圆模具使空心件的边缘向外卷成圆弧边缘，例如罐类产品的边缘。

冲压模具简称冲模，是冲压生产不可少的工艺装备，模具设计与制造技术水平是衡量一个国家产品制造水平的重要标志之一。

### 4.1.4　金属材料的焊接

在制造金属结构和机器过程中，经常要把两个或两个以上的构件组合起来，而构件之间

82

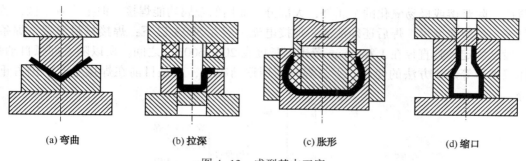

| (a) 弯曲 | (b) 拉深 | (c) 胀形 | (d) 缩口 |

图 4-13　成型基本工序

的组合必须通过一定方式的连接，才能成为完整的产品。金属的连接有很多种方法，按拆卸时是否损坏被连接件可分为可拆连接和不可拆连接。按照连接的原理可分为机械连接、胶接及焊接。

焊接是利用物理或化学方法，通过加热或加压或二者相结合，把两个工件连接成一个整体，并形成达到原子间结合的、不可拆卸的永久性接头的金属连接方法。焊接可以连接金属及非金属材料，甚至可以焊接有机组织。焊接主要应用于船舶、车辆、锅炉、化工机械等各个行业，是钢结构的主要连接方式，全世界每年的钢产量至少有 50% 是通过焊接来进行加工的。

焊接形成的接头强度高、质量轻。结构设计灵活，几何形状多样，几何尺寸覆盖范围大，壁厚覆盖范围大，可以实现不同壁厚的组合。焊接形成的是一种原子之间的连接，焊接接头密封性好。焊接施工过程简单，且易于实现生产过程中的结构变更。焊接工艺本身特别适合于进行修补，如铸件及锻件的补焊，因此焊接结构成品率高。焊接工艺与铸造及锻造相比，设备简单，方便施工，结合铸锻工艺可以获得较高的生产效率与经济效益。然而，由于焊接过程是一个加热、冷却非常快，而且热量分布极不均匀的热过程，因此将会在焊接结构中形成较大的焊接变形或焊接残余应力，易在焊趾、焊根部位形成应力集中，并使得焊接接头性能不均匀。另外，焊接接头的韧性低，止裂性能差。

焊接的方法有很多种，根据焊接过程的物理特征，焊接可分为熔焊、压焊以及钎焊三种。

① 熔焊。采用局部加热的方法使焊件的连接处熔化，然后冷却结晶成一体的方法。熔焊主要包括电弧焊、气焊、电渣焊、电子束焊、激光焊等方法。

② 压焊。焊接过程中，不论是否对焊件进行加热，都会施加一定的压力使结合面紧密接触，促进原子间产生结合作用，以获得焊件之间的牢固连接。压焊主要包括电阻焊、摩擦焊、扩散焊、超声波焊等方法。

③ 钎焊。利用熔点低于焊件的材料和焊件一起加热，使钎料熔化而焊件本身不熔化，熔化的钎料流入焊件连接表面的空隙与固态焊件产生结合作用，冷凝后彼此连接的方法。

常用的焊接方法如图 4-14 所示。

（1）焊条电弧焊

焊条电弧焊又称手工电弧焊或手弧焊，是利用电弧产生的热量局部熔化焊件及填充金属，冷却后形成牢固接头的方法。

焊条电弧焊的焊接过程依靠手工操作完成，焊接设备简单，操作灵活方便，适应性强，不受场地和焊接位置的限制，在焊条能达到的地方一般都能施焊，并配有相应的焊条；可焊材料广，除难熔或极易氧化的金属外，大部分工业用的金属均能焊接。但生产效率低，劳动条件差，熔敷速度慢，焊后还须清渣，焊接电流一般在500A以下；焊接材料浪费，焊条尺寸一般已固定，其直径在1.6~8mm范围，长度在200~600mm之间。所以随着埋弧自动焊、气体保护焊等焊接方法的使用，手弧焊的使用逐渐减少，但是目前在焊接生产中仍占重要部分。

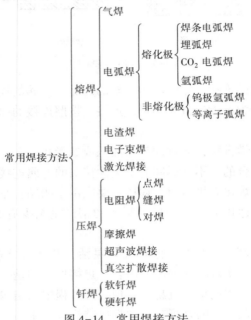

图4-14　常用焊接方法

焊条电弧焊焊缝形成过程如图4-15所示。电焊机供给电弧所必须的能量。焊接前，焊件和焊条分别连接焊机的两极。焊接时首先将焊条与工件接触，使焊接回路短路，然后将焊条提起2~4mm引燃电弧。电弧热熔化局部焊件及焊条末端，形成熔池。焊条外层的涂层（药皮）受热熔化发生分解反应，产生液态熔渣和大量气体，将电弧和熔池包围，有效隔断外部气体与熔池接触，形成焊接保护。焊接过程中，随着焊条的不断熔化变短，焊条要持续送进，同时，还必须沿焊接方向移动。随着电弧向前移动，熔池的液态金属逐步冷却结晶而形成焊缝。

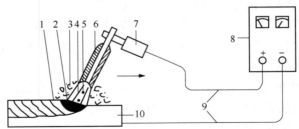

图4-15　焊条电弧焊焊缝形成过程

1—焊缝；2—熔池；3—保护性气体；4—电弧；5—熔滴；6—焊条；7—焊钳；8—电焊机；9—焊接电缆；10—工件

焊条由焊芯和涂层（药皮）组成。手弧焊时，焊芯主要作为电极起导电作用，产生电弧提供焊接热源，同时作为填充金属与熔化的母材一起形成焊缝。焊条药皮由稳定剂、造气剂、造渣剂、脱氧剂、黏结剂等组成。焊接过程中，药皮可以稳定电弧的燃烧，防止外部空气入侵造成焊缝氧化，去除有害元素，并添加有益合金元素。

按照用途，焊条可分结构钢焊条、耐热钢焊条、不锈钢焊条、堆焊焊条、低温钢焊条、铸铁焊条、镍和镍合金焊条、铜及铜合金焊条、铝及铝合金焊条以及特殊用途焊条等。按药皮成分可分为氧化钛型焊条、氧化钛钙型焊条、钛铁矿型焊条、氧化铁型焊条、纤维素型焊条、低氢型焊条、石墨型焊条及盐基型焊条等。按熔渣的特性来分类，可将电焊条分为酸性焊条和碱性焊条。熔渣以酸性氧化物为主的焊条称为酸性焊条，如二氧化硅、二氧化钛、三氧化二铁等。熔渣以碱性氧化物为主的焊条称为碱性焊条，如大理石、萤石等。

酸性焊条和碱性焊条的性能差异很大，两种焊条不能随意交换使用。与强度级别相同的酸性焊条相比，碱性焊条的焊缝金属的塑性和韧性高，含氧量低，裂纹抗力大。但是，碱性焊条的焊接工艺性能较差，对锈、水等的敏感性大，容易出现气孔，并且对环境污染较大。因此，碱性焊条适用于对焊缝塑性、韧性要求高的重要结构。

为焊接电弧提供电能的设备为电弧焊机，又称焊接电源。手工电弧焊机的电流有交流、直流、脉冲、方波等形式。交流弧焊机实际上是一种特殊的变压器，其初级电压为220V或380V，工作电压为55～70V。交流弧焊机具有结构简单、维修方便、体积小、质量轻等优点，因此，应用范围较广。直流弧焊机由直流发动机和原动机两部分组成。焊接电流可调节范围较大，其优点是电流稳定，故障率低。但是，直流弧焊机存在结构复杂、维修困难、效率低等缺点，因此，应用较少。

焊件的形状、厚度以及使用条件不同，其接头和坡口形式也不同。常用接头形式有对接、T形接头、角接以及搭接等。但焊件厚度小于6mm时，对接接头可不开坡口，当焊件较厚时，为保证焊缝根部焊头，要开坡口。常用的焊接接头形式和坡口形式如图4-16所示。

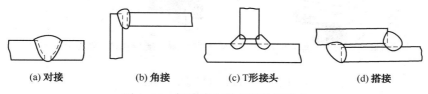

(a) 对接　　　　　(b) 角接　　　　(c) T形接头　　　　(d) 搭接

图4-16　焊接接头形式和坡口形式

焊条电弧焊的工艺参数有焊条直径、焊接电流、电弧电压、焊接速度以及焊道层数等。其中最重要的是焊条直径和焊接电流。

一般来说，为提高生产效率，应尽量选用直径较大的焊条。但直径过大易造成烧穿或焊缝成型不良的缺陷。所以，应选用合理的焊条直径。焊条直径的选择一般根据被焊工件的厚度、接头形状、焊接位置和预热条件确定。焊条直径规格为1.6mm、2.0mm、2.5mm、3.2mm、4.0mm、5.0mm、5.8mm等。根据待焊工件的厚度，焊条直径可按表4-1选择。

表4-1　焊条直径的选择

| 板厚/mm | 1～2 | 2～2.5 | 2.5～4 | 4～6 | 6～10 | ≥10 |
|---|---|---|---|---|---|---|
| 焊条直径/mm | 1.6，2.0 | 2.0，2.5 | 2.5，3.2 | 3.2，4.0 | 4.0，5.0 | 5.0，5.8 |

焊接电流对焊接质量有很大的影响。焊接电流的选择主要取决于焊条的类型、直径、焊件厚度、焊接位置等因素。在使用一般碳钢焊条时，焊接电流大小和焊条直径存在直接关系：

$$I = (35 \sim 55)d \qquad\qquad (4-1)$$

式中　$I$——焊接电流，A；

　　　$d$——焊条直径，mm。

上述关系仅用于参考，对于同一直径的焊条，工件材料和厚度不同，焊接电流也不相同。

（2）埋弧焊

埋弧焊亦称埋弧自动焊，电弧在焊剂层下燃烧，熔化母材及焊丝，形成焊接接头。埋弧焊的填充金属送进和电弧移动两个动作均由机械自动完成。

焊接时，在被焊工件处先覆盖一层 30~50mm 厚的粒状焊剂，焊剂层下，焊丝端部与焊件之间的燃烧电弧能够产生很强的热量，使得焊丝、焊件、焊剂等熔化形成熔池。焊接过程中，部分焊剂熔化后形成熔渣。电弧和熔池被液态熔渣和焊剂蒸汽包围，不与空气直接接触。随着焊接小车的不断移动，电弧不断熔化焊丝、焊剂及焊接金属，而熔池后面的边缘开始冷却形成焊缝，如图 4-17 所示。

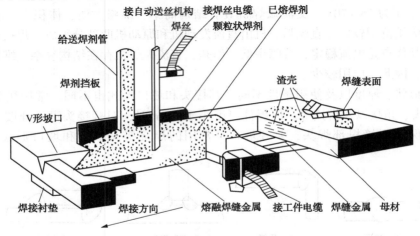

图 4-17　埋弧焊时焊缝的纵截面图

埋弧焊中电弧在焊剂层下燃烧，因此无弧光、保护完善、能量损失小。电弧热输入大，生产效率高。同时渣壳的存在使得焊缝成型良好。焊接冶金过程充分进行，可形成具有优良力学性能的焊接接头。埋弧焊只能在平焊位置施焊，适用于焊接中厚板结构的长直焊缝和较大直径的环形焊缝，在造船、桥梁、锅炉与压力容器、重型机械等结构的生产中有着广泛的应用。

（3）气体保护焊

气体保护焊是利用外加气体产生保护气氛的一种电弧焊方法。焊接时可用作保护气体的有氩气、氦气、二氧化碳气体及上述气体的混合气。用来产生电弧的电极为钨、碳等高熔点材料时，焊接过程中电极不熔化，因此称之为非熔化极。而采用钢、铝等低熔点材料作为电极时，电极熔化并作为填充金属进入焊缝，称为熔化极。根据焊接过程中的气体特性、电极特性，气体保护焊分为钨极惰性气体保护焊、熔化极氩弧焊、$CO_2$气体保护焊等方法。

① 钨极惰性气体保护焊　钨极惰性气体保护焊是在惰性气体的保护下，利用钨电极与工件之间产生的电弧热熔化母材和填充焊丝的一种焊接方法（图 4-18）。焊接过程中，保护气体从焊枪的喷嘴连续喷出，在电弧周围形成保护气氛，以防止空气对钨极、熔池及热影响

区的不利影响。

钨极惰性气体保护焊可焊接几乎所有工业用金属与合金。焊接质量好且可靠性高；焊接成型好，不必清除熔渣；无飞溅且烟尘少；可广泛适用于薄板和厚板的焊接。但是，为防止电极的熔化和烧损，焊接电流不能过大，因此，钨极氩弧焊通常适用于焊接 4mm 以下的薄壁结构。

② 熔化极惰性气体保护焊　熔化极惰性气体保护焊是利用惰性气体做保护气体，利用金属焊丝作为电极，电弧在焊丝与工件之间产生。焊接过程中焊丝不断送进，熔化并填充到焊缝中（图 4-19）。熔化极氩弧焊焊丝的载流能力大，通常采用直流反接，母材熔深较大，焊接生产率高，一般适用于焊接厚度在 3~25mm 之间的工件。焊接过程中惰性气体提供充分保护，且其本身并不参与冶金反应，因此焊缝纯净，力学性能高。这种方法焊接质量稳定可靠，特别适于焊接铝、铜、钛及其合金等有色金属中厚板，也适用于焊接不锈钢、耐热钢和低合金钢等。

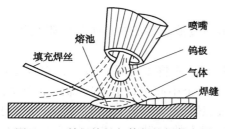 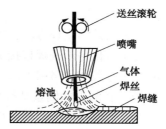

图 4-18　钨极惰性气体保护焊示意图　　　图 4-19　熔化极氩弧焊示意图

③ $CO_2$ 气体保护焊　$CO_2$ 气体保护焊是以 $CO_2$ 作为保护介质的电弧焊方法，简称 $CO_2$ 焊。$CO_2$ 的保护作用主要是使焊接区与空气隔离，防止空气中的 $N_2$ 接触熔化金属。它以焊丝作为电极和填充金属，以自动或半自动方式进行焊接。

$CO_2$ 气体是氧化性气体，在高温下容易诱发焊缝金属氧化，烧损合金元素，进而降低焊缝的机械性能。为了保证焊缝的合金成分，需要采用含脱氧元素（如锰、硅等元素）的焊丝或含有相应合金元素的合金焊丝。典型的焊接低碳钢的焊丝为 H08MnSiA，焊接低合金钢则常选用 H08Mn2SiA 焊丝。

$CO_2$ 气体保护焊焊接生产率高，焊接变形小，对铁锈敏感性小，焊缝抗裂性能好，且焊接成本低。但是焊接过程易造成较大飞溅，焊缝表面成型差。由于 $CO_2$ 气体具有氧化性，因此不能焊接易氧化的有色金属。$CO_2$ 气体保护焊主要用于焊接低碳钢及低合金钢等黑色金属，在汽车制造、农业机械、化工机械、矿山机械等部门得到了广泛的应用。

（4）等离子弧焊

等离子弧焊是利用等离子弧做热源，惰性气体做保护气体的焊接方法。等离子弧，又称压缩电弧，是受外部条件约束，弧柱发生压缩的电弧。等离子弧弧柱区的气体完全电离，能量高度集中，能量密度可达 $10^5 \sim 10^6 \text{W/cm}^2$，电弧温度高达 20000~50000K。一般电弧焊的电弧为自由电弧，该电弧中的气体未完全电离，能量较为分散，电弧最高温度为 10000~20000K，能量密度小于 $10^4 \text{W/cm}^2$。

等离子弧产生装置如图 4-20 所示。在钨极与喷嘴之间或钨极与工件之间施加电压，经高频振荡器使气体电离形成自由电弧，自由电弧受到压缩效应形成等离子电弧。等离子弧焊接的负极为高熔点的钨极，因此，该焊接方法仍属于非熔化极气体保护焊范畴。

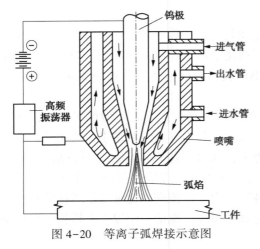

等离子弧的弧柱温度高，能量密度大，加热集中，熔透能力强，可以高速施焊，生产效率高，且热影响区小，焊接变形小。同时等离子弧可形成小电流微束等离子，能够焊接箔材和薄板。但是等离子弧焊设备费用高，约为钨极氩弧焊的 2～5 倍，因此成本高。等离子弧焊可用来焊接难熔、易氧化、热敏感性强的材料，如不锈钢、钼、钨、铍、钽、镍、钛及其合金等。同时，等离子弧焊接还能应用于难熔金属。近年来，等离子弧焊接得到了高速发展，已经在化工、原子能、电子、精密仪器仪表、火箭、航空和空间技术中得到了广泛应用。

图 4-20　等离子弧焊接示意图

（5）电渣焊

电渣焊是一种高效熔化焊方法，利用电流通过液态熔渣时产生的电阻热作为焊接热源，将工件和填充金属熔化并形成焊接接头。

电渣焊的焊接过程如图 4-21 所示。电焊前，先将工件垂直放置，在焊接面之间预留 20～40mm 的间隙。在间隙两侧紧贴被焊件安装两个中间可以通水冷却的铜滑块，与两个被焊件一起在被焊处构成一个方形槽，槽内是液态熔渣构成的渣池和金属熔池。焊接时，焊丝送进渣池中，焊丝和工件的电流通过渣池产生很大的电阻热，渣池温度达到 1600～2000℃，高温的渣池把热量传给工件和焊丝，使工件边缘和焊丝熔化。液态金属的密度大，可以沉入渣池的底部，形成熔池。随着焊丝和工件边缘的不断熔化，熔池和渣池不断上升，金属熔池达一定深度后，底部金属冷却凝固形成焊缝。

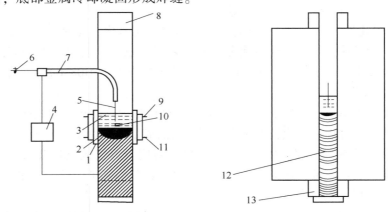

图 4-21　电渣焊示意图

1—水冷成型滑块；2—金属熔池；3—渣池；4—焊接电源；5—焊丝；6—送丝轮；
7—导电杆；8—引出板；9—出水管；10—金属熔池；11—进水管；12—焊缝；13—起焊槽

电渣焊宜在垂直位置焊接，焊缝金属中不易产生气孔及夹渣。热源体积大，故不论工件厚度多大都可以不开坡口，只要使焊件之间保持 25～35mm 的间隙就可一次焊成，生产率高，焊接材料消耗较少。同时渣池对被焊工件有较好的预热作用，不易出现淬硬组织，冷裂倾向较小。焊缝成型系数可以在较大范围内调节，焊缝不易产生热裂纹。电渣焊时金属池上面覆盖着一定深度的渣池，可避免空气与金属熔池接触。另外，金属熔池在液态存在的时间较长，熔池中的气体与杂质有较充分的时间析出。冷却时焊缝金属结晶的方向也有利于排出低熔点杂质，因此焊缝金属比较纯净。但是由于焊接速度较慢，焊缝区在高温停留时间较长。热影响区比其他焊接方法都大，晶粒度大，易产生过热组织，力学性能显著下降。因此，对于重要的构件，焊后须进行正火和回火处理。

电渣焊主要用于焊接厚度大于 30mm 的大工件。由于具有焊接应力小的特点，电渣焊不仅适合于低碳钢和普通合金钢的焊接，还可以应用于中碳钢和合金结构钢的焊接。目前电渣焊是制造大型铸-焊、锻-焊复合结构的重要技术方法。例如，原子能电站和热电站的大型容器、石油高压精炼塔和水轮机转轴等。

（6）电子束焊

电子束焊接是利用加速和聚焦的电子束轰击置于真空或非真空的工件所产生的热能进焊接的方法。一般按照焊件所处真空度的差异，将电子束焊接分为真空电子束焊接和非真空电子束焊接。其中，真空电子束焊接应用较多。

真空电子束焊接原理如图 4-22 所示。电子枪由加热灯丝、阴极、阳极、聚焦装置组成。当阴极被灯丝加热到约 2600K 时，发出大量电子，这些电子在阴极与阳极（焊件）间的高电压（25～300kV）加速电场作用下被拉出，并加速到极高的速度（0.3～0.7 倍光速），经磁透镜聚焦成高密度、高速度的电子束流，射向被焊工件表面，工件表面迅速熔化。根据焊件的熔化程度，逐渐移动焊件便能够得到合格的焊接接头。

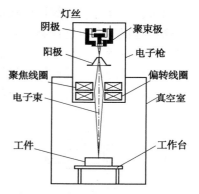

图 4-22　真空电子束焊接示意图

真空电子束功率可达 10～100kW 以上，而电子束焦点直径小于 1.0mm。故电子束焦点处的功率密度可达 $10^3$ ～ $10^6 kW/cm^2$ 以上，比普通电弧功率密度高 100～1000 倍，因此具有很强的熔透能力，可实现高深宽比的焊接，深宽比达 60:1，可一次焊透 0.1～300mm 厚度的不锈钢板。而且焊接速度快，焊缝性能好，热影响区及焊接变形很小。对精加工的工件可用作最后的连接工序，焊后工件仍能保持足够的精度。但是真空电子束焊接设备复杂，焊件尺寸和形状不但受到真空室的限制，而且抽真空影响焊接时间。高压下 X 射线特别强，需对操作人员实施保护。另外由于电子束焦点小，对工件装配质量要求也较高。

电子束焊可用于焊接厚大截面工件和难熔金属，并且由于受加热范围小，焊接变形小，电子束焊还可用于异种材料的焊接。但是，由于成本较高，电子束焊主要用于微电子器件焊装、导弹外壳的焊接、核电站锅炉汽包和精度要求高的齿轮等的焊接。

（7）激光焊接

激光焊是以聚焦的激光束作为能源轰击焊件所产生的热量进行焊接的一种高效精密的焊接方法，其能量密度范围为 $10^5$ ～ $10^7 W/cm^2$。按照激光器的工作方式，激光焊接分为脉冲激光点焊和连续激光焊接。

激光焊接时的热量集中，熔透深度大，热影响区范围小，变形小。且不需真空、不受磁场所影响。激光束易于聚焦、对准及受光学仪器所导引，能够实现难焊位置的焊接。可焊接多种材料，特别是适宜于焊接异质材料。但是激光焊接对装配要求高，设备昂贵，操作与维护的技术要求较高，且能量转换效率低，通常低于 10%。焊道凝固速度快，可能有气孔及脆化现象产生。焊接高反射性及高导热性的材料时，如铝、铜及其合金等，严重影响材料对激光能量的吸收，采用波长较短的光纤激光比$CO_2$激光要好。

激光焊接（主要是脉冲激光点焊）特别适合微型、精密、排列非常密集和热敏感材料的工件以及微电子元件的焊接。但由于设备复杂，投资大，功率较小等特点，激光焊接主要用于焊接不锈钢、硅钢、铜、钛等金属及其合金。

（8）电阻焊

焊件组合后通过电极施加压力，利用电流通过接头的接触面及邻近区域产生的电阻热，将其加热到熔化或塑性状态（再结晶），形成原子间的结合，称为电阻焊。电阻焊主要有对焊、点焊、缝焊等，如图4-23所示。对焊是利用电阻热使两个工件以对接的形式在整个端面上焊接起来的电阻焊方法，如图4-23（a）所示。根据工艺过程，对焊可分为电阻对焊和闪光对焊。对焊主要用于焊接生产钢筋、锚链、导线、车圈、钢轨、管道等。

点焊时，焊件被压紧在两个柱状电极之间，以搭接的形式在个别点上被焊接起来。点焊通常采用搭接接头形式，如图4-23（b）所示。点焊主要用于焊接薄板冲压壳体结构及钢筋等。同时，点焊还可以焊接低碳钢、不锈钢、铜合金及铝镁合金等材料。

缝焊过程与点焊过程类似，不同的是缝焊采用旋转的滚盘电极，而点焊采用柱状电极，如图4-23（c）所示。焊接时，滚盘电极压紧焊件并转动，转动期间电极断续通电，形成连续焊点互相交叠的密封性良好的焊缝。缝焊主要用于焊接焊缝较为规则、要求密封的薄壁结构件，如油箱、水箱、管道等。一般只用于焊接3mm以下的薄板。

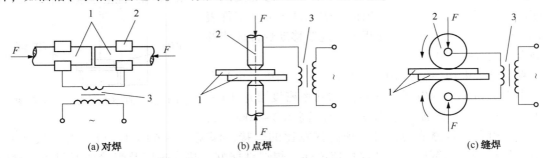

(a) 对焊　　　　　　　　(b) 点焊　　　　　　　　(c) 缝焊

图4-23　电阻焊示意图

1—焊件；2—电极；3—变压器

电阻焊具有操作简单、生产率高、劳动条件好。加热时间短、热量集中，故热影响区小、变形与应力小。焊接成本低，不需要焊丝、焊条等填充金属，以及氧、乙炔、氩等焊接材料。熔核形成时，始终被塑性环包围，熔化金属与空气隔绝，冶金过程简单等优点。但是，电阻焊设备功率大、耗电量高。接头形式与可焊工件厚度（或断面）受到限制。点、缝焊的搭接接头的抗拉强度和疲劳强度较低。缺乏可靠的无损检测方法，焊接质量只能靠工艺试样和工件的破坏性试验检查，靠各种监控技术保证。

（9）摩擦焊

摩擦焊是利用待焊工件的接触界面相互相摩擦产生的热量作为热源，将工件端面加热到塑性状态，然后在压力下使金属连接在一起的焊接方法。

连续驱动摩擦焊的焊接过程如图4-24所示。焊接前，把两工件同轴安装在焊机夹紧装置中，左工件被夹持在可旋转的夹头上高速旋转，右工件夹持在可沿轴向移动加压的夹头上向左工件靠近，与左工件端面紧密接触，并施加一定轴向压力，两工件的接触面发生强烈地相对摩擦产生大量热能，表面金属加热到塑性状态时，工件停止旋转，与此同时，接头施加较大的轴向压力进行顶锻，使两工件产生塑性变形而焊接在一起。

摩擦焊焊接过程中待焊件不发生熔化，在热塑性状态下实现类似锻态的固相连接。摩擦焊焊接接头质量高，在摩擦过程中，工件接触面的氧化膜和杂质被清除，因此，接头组织致密、气孔及夹杂等缺陷少，焊缝能达到与基体材料相当的强度。焊接操作简单，无需焊接材料，生产率高。可焊接的材料范围广，可以焊接同种或异种金属。盘状焊接件和薄壁件不易夹固，焊接难度大，同时，摩擦系数小、易碎的工件也不易采用摩擦焊。设备一次性投资大，只适用于大批量生产。

（10）钎焊

钎焊是采用比母材熔点低的金属材料作钎料，将焊件和钎料加热到高于钎料熔点、但低于母材熔点的温度，利用液态钎料润湿母材填充接头间隙，并与母材相互扩散而实现连接焊件的方法。依据钎料的熔点，钎焊可以分为两大类：软钎焊和硬钎焊。

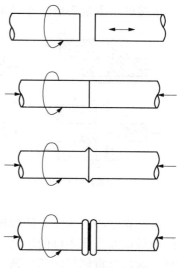

图 4-24　连续驱动摩擦焊工艺

钎料熔点低于450℃的钎焊称为软钎焊。通常，软钎焊的接头强度低于70MPa。常用的钎料有锡铅钎料，由于良好的润湿性和导电性，这种钎料广泛应用于电子线路、电气元件的焊接。为清除氧化膜，改善钎料的润湿性能，软钎料一般需要用到钎剂。钎剂的种类繁多，电子工业中多用软钎焊，这种钎剂焊后的残渣对焊件无腐蚀作用。焊接铜、铁等材料的钎剂由氯化锌、氯化铵和凡士林等组分构成。焊铝时的钎剂主要为氟化物和氟硼酸盐，另外，盐酸加氯化锌也可以用作焊铝的钎剂。这些钎剂焊后的残渣有腐蚀作用，焊后必须清洗干净。

钎料熔点高于450℃的钎焊称为硬钎焊，通常，硬钎焊的接头强度大于200MPa。硬钎焊的钎料种类繁多，以铝、银、铜、锰和镍为基的钎料较为常用。铝基钎料常用于铝制品钎焊，银基、铜基钎料用于铜、铁工件的钎焊，锰基和镍基钎料用来焊接在高温下工作的不锈钢、耐热钢和高温合金等零件。焊后钎剂残渣用温水、柠檬酸或草酸清洗干净。

钎焊加热温度较低，接头平整光滑，母材组织和性能变化较小。某些钎焊方法一次可焊成几十条或成百条钎缝，生产率高。焊件变形较小，尤其是采用炉中钎焊法，焊件的变形可减小到最低程度，易保证焊件的尺寸精度。可以实现异种金属或合金、金属与非金属的连接。钎焊接头强度比较低、耐热能力比较差，由于母材与钎料成分相差较大而引起的电化学腐蚀致使耐蚀力较差及对装配要求比较高等。

### 4.1.5　其他连接方法

除焊接外，金属结构经常采用的其他不可拆卸连接方法包括铆接、胶接、胀接等，可拆卸连接方法包括螺纹连接、键连接、销钉连接等。铆接、胀接、螺纹连接方式通过连接件的机械咬合作用形成连接，均为机械连接方法。另外在金属机构中，如机床等，零件之间的连接方法还经常采用销钉连接、键连接、过盈连接等方法，靠零件之间的机械咬合及接触面之间的摩擦作用实现连接，这些连接方法均为可拆卸连接方法，但多次拆卸将降低连接质量。

（1）机械连接

① 铆接　将铆钉穿过被连接件的预制孔中，经铆合而成的连接方式称为铆接。铆接具有工艺简单、过程易控制、质量稳定等特点。与焊接和胶接相比，由于被连接件上需要打孔，应力集中较为严重，损伤工件有效强度；且工人劳动强度大、噪声大，对工人健康不利；铆缝的紧密性也比较差。

铆接的基本接头形式如图 4-25 所示，包括对接接头、搭接接头、角接接头。

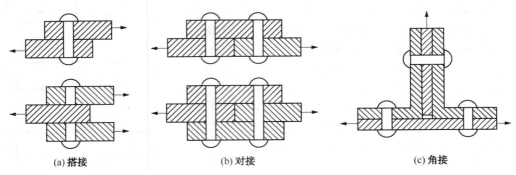

(a) 搭接　　　　　　　　(b) 对接　　　　　　　　(c) 角接

图 4-25　铆接的基本形式

铆钉有空心的和实心的两种。实心的多用于受力大的金属零件的连接，空心的用于受力小的薄板或非金属零件的连接。铆接工艺包括冷铆和热铆两种。钉杆直径大于 20mm 的钢质铆钉，通常要将铆钉加热后进行热铆。钉杆小于 10mm 的钢质铆钉或有色金属铆钉可在常温下冷铆。

② 螺纹连接　通过螺纹之间的咬合作用实现连接。螺纹连接是一种广泛使用的可拆卸的固定连接，具有结构简单、连接可靠、装拆方便等优点。常用的螺纹形式有三角螺纹、圆柱管螺纹、矩形螺纹、梯形螺纹等。

三角螺纹牙型角大，自锁性能好，而且牙根厚、强度高，多用于螺栓连接，如图 4-26（a）所示。管螺纹位于管壁，牙型角 $\alpha = 55°$，牙顶呈圆弧形，旋合螺纹间无径向间隙，紧密性好，公称直径为管子的公称通径，广泛用于水、煤气、润滑等管路系统及钻井管柱的连接中，如图 4-26（b）所示。矩形螺纹的牙型为正方形，牙型角 $\alpha = 0°$，牙厚为螺距的一半，当

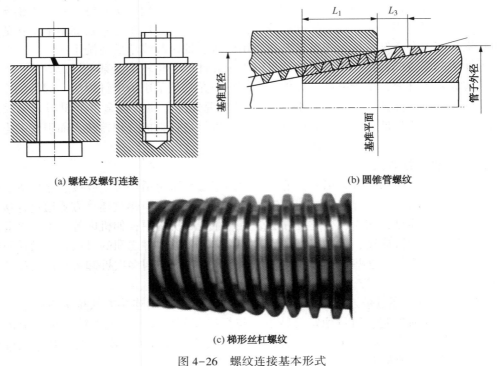

(a) 螺栓及螺钉连接　　　　　　　　　(b) 圆锥管螺纹

(c) 梯形丝杠螺纹

图 4-26　螺纹连接基本形式

量摩擦系数较小，效率较高，但牙根强度较低，螺纹磨损后造成的轴向间隙难以补偿，对中精度低，且精加工较困难，因此，这种螺纹已较少采用。梯形螺纹是一种主要用于机械结构中的位置调整装置中，如图 4-26(c)所示，在机械行业有着广泛的使用。与矩形螺纹相比，梯形螺纹传动效率略低，但工艺性好，牙根强度高，对中性好。另外梯形螺纹也可用于紧固连接场合。

③ 胀接　胀接是利用胀管器使管子产生塑性变形，同时管板孔壁产生弹性变形，利用管板孔壁的回弹对管子施加径向压力，使管子和管板变形达到密封和紧固的一种连接方法。多用于管束与锅筒的连接。胀接接头形式包括光孔胀接、翻边胀接及开槽胀接，其基本结构如图 4-27 所示。

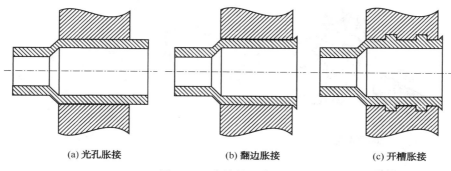

(a) 光孔胀接　　　　　　(b) 翻边胀接　　　　　　(c) 开槽胀接

图 4-27　胀接的基本形式

④ 过盈连接　过盈连接时包容件(毂孔)和被包容件(轴)的径向变形使配合面间产生压力，工作时靠此压紧力产生的摩擦力来传递载荷，如图 4-28 所示。为了便于压入，毂孔和轴端需有一定尺寸的倒角。过盈连接结构简单，同轴性好，对轴的削弱小，抗冲击、振动性能好，但对装配面的加工精度要求高。过盈连接主要用在重型机械、起重机械、船舶、机车及通用机械的制造中。

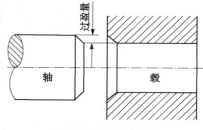

图 4-28　过盈连接

过盈连接的装配方法有压入法和温差法。压入法是在常温下用压力机等将被包容件直接压入包容件中。压入过程中，配合表面易被擦伤，从而降低连接的可靠性。过盈量不大时，一般采用压入法装配。温差法是加热包容件或者冷却被包容件，以形成装配间隙进行装配。采用温差法，不易擦伤配合表面，连接可靠。过盈量较大或者对连接质量要求较高时，宜采用温差法装配。过盈连接的过盈量不大时，允许拆卸，但多次拆卸会影响连接的质量，过盈量很大时，一般不能拆卸，否则会损坏配合表面或者整个零件。过盈连接的承载能力主要取决于过盈量的大小。必要时，可以同时采用过盈连接和键连接，以保证连接的可靠性。

⑤ 键连接　键连接通过键实现轴和轴上零件间的周向固定，并传递扭矩。键连接可分为平键连接、半圆键连接、楔键连接和切向键连接等。

平键按用途分为三种：普通平键、导向平键和滑键。平键的两侧面为工作面，平键连接是靠键和键槽侧面挤压传递转矩，键的上表面和轮毂槽底之间留有间隙。平键连接具有结构简单、装拆方便、对中性好等优点，因而应用广泛。图 4-29 为轴与齿轮之间的平键连接。半圆键连接的工作原理与平键连接相同。由于轴上键槽较深，对轴的强度削弱较大，故一般多用于轻载连接。楔键的上下表面是工作面，键的上表面和轮毂键槽底面均具有1：100的斜度。装配后，键楔紧于轴槽和毂槽之间。工作时，靠键、轴、毂之间的摩擦力及键受到的偏压来传递转矩，同时能承受单方向的轴向载荷。切向键由两个斜度为1：100的普通楔键组成。其上、下两面（窄面）为工作面，其中一个工作面在通过轴心线的平面内，工作时工作面上的挤压力沿轴的切线作用。因此，切向键连接的工作原理是靠工作面的挤压来传递转矩。切向键连接主要用于轴径大于100mm、对中性要求不高且载荷较大的重型机械中。

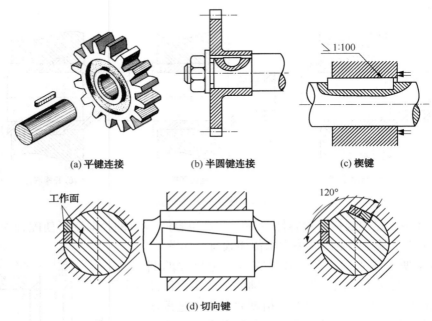

图4-29　轴与齿轮之间的连接

（2）胶接连接

胶接是指两种或者同种固体表面用胶合方法连接起来的工艺方法。连接过程中，通过胶黏剂物理和化学特性所形成的分子间的力或化学键，形成永久性接头。胶接对各种工程材料具有优异的胶接性能，其接头能达到较高的强度要求。

任何固体材料的表面都具有一定的粗糙度和缺陷，胶接时，固化前的胶黏剂具有一定的流动性，它能渗入被胶件表面的微小凹穴和孔隙中，胶黏剂固化后，能够"镶嵌"在孔隙中起到机械连接的作用。当用有机高分子胶黏剂胶接塑料、橡胶等高分子材料时，分子的热运动引起分子间的扩散，从而在两者之间形成相互交织结合。当物质的分子紧密靠近时，其分子间力能使接触的物体间相互吸附在一起。在某些胶接中，胶黏剂分子能与被胶物表面形成牢固的化学键，从而把它们强有力地结合起来。

按基本组分的类型，胶黏剂可分成有机胶黏剂和无机胶黏剂。其中，有机胶黏剂主要由天然胶和合成胶组成，而天然胶主要是动物剂和植物剂，合成胶分为树脂型、橡胶型和混合型三种。无机胶黏剂可分为硅酸盐类、硼酸盐类、金属氧化物凝胶等。

胶接接头基本形式如图4-30所示，包括对接接头、搭接接头、角接接头。

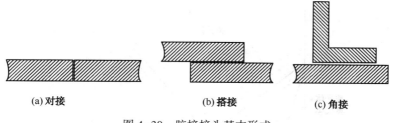

(a)对接      (b)搭接      (c)角接

图 4-30　胶接接头基本形式

# 4.2　金属材料的改性

在各个领域存在大量不同种类的金属材料及其构件，这些材料或构件在载荷、温度、介质等力学及环境因素作用下，经常以磨损、腐蚀、断裂、变形等方式失效。通过热处理技术、热喷涂、堆焊、电镀等方法，提高材料的力学性能、化学性能及物理性能，保证其服役安全性，是金属材料研究领域不懈的追求。

### 4.2.1　热处理及其分类

金属的性能由化学成分和组织结构共同决定，化学成分不变时，可以通过改变金属的组织结构形态来改变金属的性能。金属热处理就是将金属工件放在一定的介质中加热到适宜的温度，并保温一定时间后，以不同速度冷却至室温从而改变金属组织结构以便获得所需的性能的工艺。热处理与其他加工方法(如焊接、锻造、铸造等)不同，它不改变工件的形状和大小，只改变工件的组织和性能。按目的、加热及冷却条件不同，热处理大致可分为三种，如图 4-31 所示。

热处理的主要理论依据是金属在加热和冷却过程中的固态相变规律。图 4-32 所示为钢加热和冷却过程

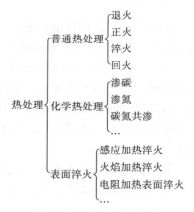

图 4-31　热处理的种类

中的实际相变点及相变规律。室温下，共析钢的平衡组织为珠光体，亚共析钢的平衡组织为铁素体+珠光体，过共析钢的平衡组织为珠光体+二次渗碳体。加热过程中钢受热升温，当温度超过 PSK 线时，珠光体转变为奥氏体。继续加热，对于亚共析钢，当加热温度超过 GS 线时，铁素体转变为奥氏体；对于过共析钢，当加热温度超过 ES 线时，二次渗碳体溶入奥氏体。因此，PSK、ES、GS 线表示钢的平衡相变临界点。PSK 线是钢的下临界点，用 $A_1$ 表示，ES 线是过共析钢的上临界点，用 $A_{cm}$ 表示，GS 线是亚共析钢的上临界点，用 $A_3$ 表示。上述临界点均是在相当缓慢的加热和冷却速度下获得，实际热处理过程中加热和冷却速度不可能太慢，所以，实际的相变临界点与相图不会相同。加热过程中相变临界点分别以 $A_{c1}$、$A_{ccm}$ 和 $A_{c3}$ 表示，而冷却过程中相变临界点分别以 $A_{r1}$、$A_{rcm}$ 和 $A_{r3}$ 表示。与平衡相变临界点相比，加热过程中的相变临界点温度升高，而冷却过程中的相变临界点温度降低。

### 4.2.2　普通热处理

钢材的普通热处理包括退火、正火、淬火和回火，是工程中广泛采用的金属改性工艺。

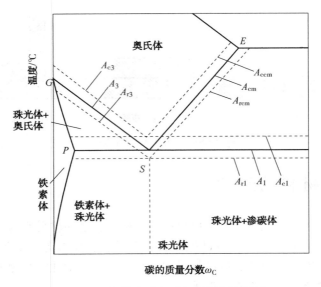

图 4-32　加热和冷却时钢的相变及相区

（1）退火

钢的退火是将钢件加热到低于或高于临界点（$A_{c1}$）温度，保温一定时间，然后缓慢冷却（常用随炉冷）获得接近平衡状态的组织的热处理工艺。

铸造、锻造等工艺成型坯件的硬度往往过高，内部经常含有较高的应力，且存在偏析、带状组织、魏氏组织等缺陷。退火可以降低钢的强度及加工硬化，改善切削性能并提高塑性；消除应力或降低应力水平，防止工件的变形和开裂；同时消除组织缺陷，细化晶粒，并改善碳化物的分布形态。退火可以作为独立的热处理工艺应用，也可以为最终热处理做准备。

常用的退火工艺主要包括完全退火、球化退火、去应力退火、扩散退火、去氢退火、再结晶退火和低温退火等，其加热温度范围及工艺曲线如图 4-33 所示。

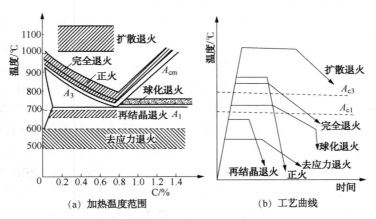

（a）加热温度范围　　　（b）工艺曲线

图 4-33　不同退火工艺加热温度及工艺曲线示意图

完全退火是将钢件加热到 $A_{c3}$ 以上 20~50℃（图 4-33），保温一定时间，钢组织完全奥氏体化后缓慢冷却获得接近平衡状态组织的工艺。实际生产中，为了提高效率，缓冷至 600℃左右时便采用空冷。完全退火工艺主要用于消除亚共析钢内部粗大晶粒，铸件浇铸时的魏氏组织，制品中的带状组织等缺陷，也可以用于焊接件。

去应力退火是指将工件缓慢加热（约$100 \sim 150℃/h$）到$A_{c1}$以下$100 \sim 200℃$（$500 \sim 600℃$，图4-33），保温一定时间（$1 \sim 3h$），随炉缓冷（约$50 \sim 100℃/h$）至$200℃$，然后空冷的退火方法。去应力退火主要用于消除锻件、焊接件、切削加工和铸造等因快速冷却形成的残余应力，稳定尺寸，减少变形，防止开裂。去应力退火不存在相变重结晶，主要通过缓慢加热、保温和缓慢冷却来消除内应力。

球化退火是指将工件加热到$A_{c1}$以上$20 \sim 30℃$（图4-33），保温一段时间，随炉缓冷至$500 \sim 600℃$，然后空冷的退火工艺。球化退火工艺适用于共析钢、过共析钢及合金工具钢的刃具、量具、模具等的退火处理。过共析钢中存在网状二次渗碳体时，钢的硬度高、脆性大，不仅切削加工困难，产生淬火变形及开裂的可能性也较大。因此，为降低钢的硬度，改善组织，提高塑性和切削加工性能，钢件必须经历球化退火，使网状和片状渗碳体发生球化。

扩散退火，包括均匀化退火，是将工件加热到$A_{c3}$或$A_{ccm}$以上$150 \sim 300℃$（图4-33），并长时间保温（大于$10h$）后缓慢冷却的热处理工艺。其目的是为了降低金属铸锭、铸件或锻件等化学成分偏析，组织不均匀性等。扩散退火的加热温度较高、保温时间较长，引起奥氏体晶粒粗化严重，因此，扩散退火后一般还要进行一次完全退火或正火细化晶粒、消除过热缺陷。扩散退火工艺能耗大、成本高、氧化及脱碳严重，并且工件易烧损。所以，一般在锻轧前加热时适当延长保温时间达到扩散退火目的，其他情况下应用较少。

（2）正火

正火是将工件加热到$A_{c3}$或$A_{ccm}$以上$30 \sim 50℃$（图4-33），保温一定时间，然后出炉在空气中冷却的热处理工艺。正火与退火不同的是正火的冷却速度较高，正火后工件的组织较细，强度、硬度较高。

正火的主要目的是细化晶粒，消除锻、轧后的组织缺陷，改善钢的力学性能等。钢的硬度较低时，切削过程中容易发生"粘刀"造成工件表面质量较差，通过正火可提高钢的硬度，改善钢的切削加工性能。消除过共析钢中的二次渗碳体，为球化退火准备。另外，正火可消除铸、锻等热加工工件中的魏氏组织、带状组织，细化晶粒，为后续的热处理做好准备。对于力学性能要求较低的工件，可以采用正火作为最终热处理。

低碳钢正火的目的之一是为了提高切削性能。正常的正火工艺后，含碳量低于0.2%的亚共析钢的硬度仍偏低，不利于切削加工。因此，为了满足切削加工需求，此类钢的加热温度需要提高至$A_{c3}$以上约$100℃$，同时，还可以通过增大冷却速度的方式获得。过共析钢正火主要是为了消除网状渗碳体，所以，加热时必须要保证碳化物全部溶入奥氏体中。对于大型工件，为了保证碳化物的溶入，正火温度一般比$A_{ccm}$高$50 \sim 100℃$。

（3）淬火

淬火是将钢件加热到$A_{c3}$或$A_{c1}$以上$30 \sim 50℃$，保温一定时间，然后通过不同冷却介质获得大于临界冷却速度的冷速进行冷却，以获得马氏体或（和）贝氏体组织的热处理工艺。冷却曲线如图4-34所示。

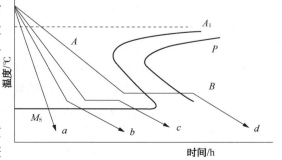

图4-34 不同淬火方法的冷却曲线
$a$—单液淬火；$b$—双液淬火；$c$—分级淬火；$d$—等温淬火

淬火可以显著提高钢的强度、硬度及耐磨性。淬火工艺应用广泛，如工具、量具、模具、轴承、弹簧等结构都需要进行淬火处理，调整材料的性能。另外如果淬火与回火相结合，则可以获得不同强度、塑性的组合。

通常，人们通过调整冷却速度，来获得不同的淬火组织和性能。常用的淬火工艺包括单液淬火、双液淬火、分级淬火及等温淬火，不同淬火方法的冷却曲线如图4-34所示。

将高温工件放入一种淬火介质中连续冷却到室温的淬火方法，称为单液淬火，如图4-34中曲线 a 所示。碳钢一般用水或盐水淬火，合金钢用油淬火。对于形状复杂、截面变化突然的工件，为了降低热应力，通常采用先空冷至鼻尖温度，然后再放入介质中快速冷却的方法。

对于淬透性较差的钢，采用盐水等冷却速度较高的介质淬火易开裂，而用油等冷却速度较低的介质淬火易出现淬不硬的现象。因此，这种工件往往采用双液淬火的方式进行。将高温工件先浸入盐水中冷却到马氏体转变温度($M_s$)附近(约300℃)，然后取出放入油中继续冷却，完成马氏体转变的淬火方法为双液淬火，如图4-34中曲线 b 所示。油中缓慢的冷却速度可以有效降低马氏体转变时因体积增大产生的组织应力。

分级淬火是将高温工件首先浸入温度略高于马氏体转变温度的盐浴中冷却，使工件表面与心部的温差降低，然后取出在空气或油中缓慢冷却进行马氏体转变的淬火方法，如图4-34中曲线 c 所示。分级淬火能够显著降低工件冷却过程中的热应力和马氏体转变过程中的组织应力，进而降低工件变形及开裂倾向。

等温淬火是将工件浸入低于贝氏体转变温度的等温盐浴中，并长时间保温获得贝氏体组织，随后空冷至室温的淬火方法，如图4-34中曲线 d 所示。等温淬火组织为下贝氏体，具有强度、硬度高，塑性、韧性好的特点。

（4）回火

回火是将淬火钢件加热到 $A_{c1}$ 以下的某一温度，保温一定时间，然后冷却至室温的热处理工艺。钢淬火后具有较高的强度和硬度，较低的塑性和韧性，且内部的组织不稳定，存在很大的内应力，如不及时调整或去除，可能会引起工件变形甚至开裂。因此，淬火钢一般不能满足使用要求，往往要通过回火处理适当降低强度、提高韧性、稳定组织、去除应力，才能满足使用要求。

通常，回火是钢件热处理的最后一道工序。回火后钢件的性能与回火温度有关，根据回火温度的不同，回火可以分为低温回火、中温回火和高温回火。

低温回火温度一般介于150~250℃之间，回火后钢件的组织为回火马氏体，硬度较高（58~64HRC），保持了马氏体的高硬度和高耐磨性，降低了脆性。因此，低温回火主要适用于中、高碳钢制造的各种工具、冷作模具、轴承、表面淬火件等。

中温回火温度一般介于350~500℃之间，回火后钢件的组织为回火屈氏体，其硬度为35~45HRC。随着回火温度的变化，钢的弹性极限在200~400℃之间出现极大值。因此，中温回火主要用于含碳量在0.6%~0.9%的碳素弹簧钢以及含碳量在0.45%~0.75%的合金弹簧钢。为避免出现第一类回火脆性，一般中温回火温度不宜低于350℃。

高温回火温度一般介于500~650℃之间，回火后钢件的组织为回火索氏体，其硬度为25~35HRC，即有一定的强度和硬度，又具备良好的塑性和韧性。高温回火主要用于中碳钢零件。生产中通常把淬火后再进行高温回火的热处理工艺叫做调质处理。

#### 4.2.3 化学热处理

金属化学热处理是改变钢铁表层化学成分及组织结构的方法，依靠固体扩散使元素渗入金属表层，所形成的合金层称为热扩渗层，简称渗层。化学热处理具有渗层/基体金属冶金结合，结合强度高，渗层不易脱落等突出特点。因此，化学热处理可以有效提高金属表面强度、硬度、耐磨性和耐蚀性，并能够显著提高金属的疲劳强度。

根据渗入元素的化学成分特点，化学热处理可以分为非金属元素扩渗、金属元素扩渗以及金属-非金属多元复合共渗。其中非金属元素扩渗包括渗碳、渗氮、碳氮共渗、硫化处理等，金属元素扩渗包括渗铬、渗钒、渗钽、铝铬共渗等，复合扩渗有 Ti+C、Ti+N、Al+Cr+Si 等。

化学热处理依靠渗入元素的原子向工件内部扩散进行，在渗层的形成过程中，化学渗剂首先分解，并形成活性原子，为金属基体提供待扩散元素的原子；其次，处于活化状态的待扩散原子吸附在金属基体表面；然后，活化原子逐步向金属基体内部扩散，形成渗层，与此同时，金属基体内部的原子也向渗层扩散，渗层增厚达到需要的厚度。

渗层的形成必须满足三个基本条件。首先，渗入元素必须能够与基体金属形成固溶体或金属间化合物，所以，溶质原子与基材金属原子的直径大小、晶体结构差异、电负性大小等因素必须相对应。其次，待渗元素与金属基体之间必须有直接接触。再次，待渗元素在金属基体中要有一定的扩散速度，否则便没有实用价值。通常，通过提高工件温度的方法提高元素扩散速度。另外，对于依靠化学反应提供活性原子的工艺而言，该反应必须满足热力学条件，否则化学热处理不能进行。

渗层形成的速度取决于其形成机理中最慢的一个过程。初始阶段，渗入速度由化学渗剂的分解速度控制；当渗层达到一定厚度以后，渗入速度由元素的内、外扩散速度控制。提高化学渗剂的分解速度和元素扩散速度可以提高渗层的形成速度。化学渗剂的分解速度受反化学渗剂浓度、种类以及分解温度等因素影响，元素扩散速度受热处理时间和温度影响。因此，可以通过改变上述参数提高渗层形成速度，譬如，气体渗碳或渗氮时提高气体浓度，提高渗碳/氮温度。但是，温度过高可能会使基体金属的晶粒过分长大，并引起脱碳/氮现象，降低基体和渗层的性能。因此，提高温度应有一定限度。

（1）渗碳

为了改善钢件表面的组织，提高表面硬度和耐磨性，提高工件的抗疲劳性能，常对低碳钢或低碳合金钢的表面进行渗碳。低碳钢或低碳合金钢在增碳的活性气体中加热和保温，碳原子渗入表面的热处理工艺为渗碳。

根据渗碳介质的不同，渗碳可以分为固体渗碳、液体渗碳和气体渗碳。与固体渗碳和液体渗碳相比，气体渗碳具有操作简单、周期短、质量容易控制、劳动条件好的特点，因此，目前气体渗碳应用范围最广，占整个化学热处理工艺的 $60\% \sim 70\%$。本节只介绍气体渗碳工艺。

气体渗碳是将工件放在一定温度的富碳气体介质中加热和保温进行渗碳的工艺。通常，渗碳用钢的含碳量一般为 $0.1\% \sim 0.25\%$。渗碳符合化学热处理的一般规律，包括分解、吸收、扩散三个基本过程。渗碳剂在高温下分解，产生活性碳原子，渗碳剂主要为 $CH_4$ 和 $CO$；分解产生的活性碳原子吸附于工件表面，并与基体金属形成固溶体或化合物；过量的活性碳原子吸附于工件表面，与金属基体内部形成碳的浓度梯度，碳原子向工件心部定向扩散，渗层增厚。

表面硬度、渗碳层深度、心部硬度是衡量渗碳件是否合格的三大主要性能指标，基本决定了渗碳件的综合力学性能。对于要求高的渗碳件还需检测外观、金相组织、表面碳含量和碳浓度梯度。当碳的质量分数介于 0.9% ~ 1.0% 之间时，渗碳工件抗扭强度及疲劳强度最高。当碳的质量分数低于 0.8% 时，耐磨性和强度不足；高于 1.1% 时，表面碳化物及残余奥氏体量增加损害钢的性能。渗碳工件冷却后，其组织从表面向心部分别为过共析组织、共析组织、亚共析组织，渗碳工件的淬火组织为渗碳体+马氏体和低碳马氏体。

渗碳仅能改变工件表层的含碳量，只有经过随后的淬火及回火处理，才能使表层组织和性能发生变化，获得表面硬度大心部韧性大的强化要求。

（2）渗氮

一定温度下（480~600℃）使活性氮原子渗入工件表面的工艺称为渗氮，亦称氮化。渗氮层的硬度比渗碳层更高，可以高达 950~1200HV，其耐磨性、疲劳强度、红硬性和抗咬合性能优良。同时，渗氮层还能提高工件在一些介质中的抗腐蚀性能。钢的渗氮温度一般约为500℃，并且渗氮后工件随炉冷却，工件变形小。因此，广泛应用在精密工件的表面处理上，如镗床主轴，汽缸套等工件的最终处理。

渗氮层的高硬度是合金氮化物的弥散硬化作用导致。氮化物自身硬度较高，其晶格常数比基体金属 $\alpha$-Fe 的大，当它与母相保持共格关系时，Fe 晶格产生畸变发生强化。渗氮温度不同，氮化物尺寸不同，导致硬度高低不同。随着渗氮温度升高，氮原子扩散速度增加，渗氮层增厚，但是氮化物尺寸变大，和母相的共格关系遭到破坏，渗氮层的硬度降低，并且渗氮工件的变形量也增加。确认渗氮温度时，应综合考虑温度对渗氮层深度、表层硬度与变形量的影响。通常，渗氮温度介于 480~560℃ 之间，但是对于硬度要求高，形状复杂的工件，通常渗氮温度选 500~530℃。

渗氮的渗剂一般为氨气或氨的化合物，一般用井式气体炉进行。氨气在高温下分解出氮原子，氮原子吸附于工件，并向内扩散，形成渗氮层。由于具有温度低、周期长、成本高、渗氮层薄、脆性大等特点，渗氮工件不易承受过高的载荷。

（3）碳氮共渗

碳氮共渗是在渗碳和渗氮基础上发展起来的二元共渗技术，它是碳、氮同时渗入工件表面的化学热处理工艺。根据共渗温度的不同，可以把碳氮共渗分为高温碳氮共渗（880~950℃）、中温碳氮共渗（780~880℃）、低温碳氮共渗（500~580℃）三种。中、高温碳氮共渗以渗碳为主，称为碳氮共渗；低温碳氮共渗以渗氮为主，称为氮碳共渗，俗称软氮化。习惯上说的碳氮共渗主要是指中温气体碳氮共渗。

低温碳氮共渗的温度一般介于 520~570℃ 之间，以渗氮为主，保温时间一般为 3~4h。共渗介质一般用吸热式气氛和氨气混合气，也可以用甲酰胺、三乙醇胺等加氨气，其中，三乙醇胺是一种活性较强，且无毒的渗剂。此类共渗介质可以直接采用井式渗碳炉，不必添加其他辅助设备，操作简单。温度越高，氨分解率越大，工件表面吸收的氮原子越少，所以氮碳共渗一般在低温下进行。氮碳共渗工艺可有效地提高零件的耐磨性、疲劳强度、抗咬合性等。同时生产周期短、成本低、零件变形小、不受钢种限制（碳钢、合金钢及铸铁均适用）。

共渗温度介于 840~860℃ 之间的碳氮共渗称为中温碳氮共渗，共渗介质有多种，最简便的是将渗碳气体和氨气同时通入密封炉内，在共渗温度下分解出活性碳、氮原子，碳、氮原子吸附并渗入工件表面形成共渗层。一般气体渗剂中氨气的比例以 2% ~ 10% 为宜。有机液体渗剂中氨气比例约 30% 为宜。共渗介质的总需要量与炉罐容积大小有关，一般以换气次数表示。换气次数为每小时通入气量与炉罐容积的比值。气体渗剂加氨时，一般换气次数为 6~10 次/时，煤油加氨时，一般以 2~8 次/时为宜。零件共渗后需进行淬火及低温回火。一般零件的共渗层深度为 0.5~0.8mm，共渗保温时间为 4~6h。

### 4.2.4 表面淬火

采用特定热源将钢铁工件表面快速加热到 $A_{c3}$（亚共析钢）或 $A_{c1}$（过共析钢）以上，然后快速冷却，在工件表面获得马氏体组织的局部淬火工艺。表面淬火过程中，由于表面加热速度很快，工件心部来不及升温，表面淬火对工件心部影响很小。因此，表面淬火的目的是获得高硬度，高耐磨性的表面，而心部仍然保持原有的韧性。通常，碳的质量分数在 0.35%~1.20% 的中、高碳钢及含碳量相当的铸铁均能够通过表面淬火进行表面强化，其中，中碳钢与球墨铸铁最适宜表面淬火。表面淬火是齿轮、轴、导轨等零件的常用热处理工艺。

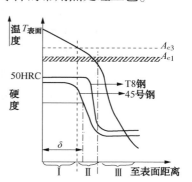

图 4-35 表面加热淬火后工件硬度分布
$\delta$—硬度层；Ⅰ—淬硬层；Ⅱ—过渡层；Ⅲ—心部

工件表面淬火以后的金相组织与加热温度沿试样横截面分布有关，一般分为淬硬层、过渡层和心部三层，如图 4-35 所示。一般情况下，由于表面淬火可以得到更为细小的奥氏体晶粒，与普通淬火工艺相比，表面淬火后工件淬硬层的硬度及耐磨性较高。

根据热源的差异，表面淬火可以分为感应加热淬火、火焰淬火、激光淬火和电子束淬火等。

（1）感应加热淬火

当钢件中有交流电或者交变电磁场时，钢件内部的电流分布不均匀，电流主要集中在钢件的表面，越靠近导体表面，电流密度越大，钢件内部的电流很小，这导致钢件表面电阻增加，表面损耗功率也增加，这一现象称为趋肤效应。把钢件置于空心铜管绕成的感应线圈中，在高频交流磁场的作用下，钢件产生很大的感应电流，并因集肤效应而集中分布于工件表面，使工件表面迅速升温到相变临界温度以上，然后在冷却介质中快速冷却，钢件表层得到马氏体组织。感应加热淬火技术是国内外使用最为普遍的表面淬火技术，在机械行业中有非常广泛的应用。

根据感应加热时交流磁场的频率，感应加热淬火技术可以分为高频感应加热淬火、中频感应加热淬火、工频感应加热淬火三种，具体的分类依据及应用如表 4-2 所示。淬硬层深度越大，所需频率越低，反之，则越高。

表 4-2　感应加热淬火种类及应用

| 淬火种类 | 频率 | 淬硬层深度 | 应用 |
|---|---|---|---|
| 高频感应加热 | 200~300kHz | 0.5~2.5mm | 中、小型零件，如小齿轮、小轴等 |
| 中频感应加热 | 1~10kHz | 2~10mm | 承受扭矩、压力载荷的零件，如曲轴、大齿轮 |
| 工频感应加热 | 50Hz | 10~15mm | 承受扭矩、压力载荷的大型零件，如冷轧辊 |

在集肤效应的作用下，热能集中于工件的表层，感应加热淬火加热速度较快，加热时间短，一般只需要几秒至几十秒就可完成，因此，工件表面氧化及脱碳轻微，变形小。淬硬层深度容易控制，通过控制电流频率便可以控制淬硬层深度，易实现机械化和自动化。表层淬火质量好，表层能够获得很细小的马氏体组织，硬度高、耐磨性好、疲劳强度高。心部基本

上保持了处理前的组织和性能。但是，感应加热淬火技术存在局限性，如设备投资大、维修困难，与普通的淬火工艺相比，成本较高，适用于大批量生产；感应加热时，由于热传导的问题，零件的尖角处容易过热；对于形状复杂的零件，感应加热难以保证所有的淬火面都能够获得均匀的表面淬硬层等。

（2）火焰加热表面淬火

火焰加热表面淬火是用氧气–乙炔或煤气火焰对工件表面进行快速加热，升温至淬火温度，然后在一定淬火介质中冷却的淬火工艺。

一般情况下，火焰加热表面淬火的淬硬层深度为 2~6mm。如果想获得更深的淬硬层，会引起表面过热，进而产生淬火裂纹。生产率低，淬硬层的均匀性差，质量难以控制等缺点限制火焰加热表面淬火的应用。但是，火焰加热表面淬火存在设备简单，成本低，方法灵活等优点。所以，它主要用于单件或者小批量生产的大型零件的表面淬火。

### 4.2.5 其他表面改性技术

表面改性是指采用某种工艺手段，使材料表面获得与其基体材料不同的组织结构及性能的技术。经表面改性处理后，既能发挥基体材料的力学性能，又能使材料表面获得特殊性能，如高强、耐磨、耐腐蚀、耐高温等。

根据表面改性工艺的原理可以将其分为表面组织转化、表面合金化和表面涂镀等。表面组织转化的实质是表面热处理及表面形变强化；表面合金化是采用一定工艺使材料表面合金化的技术（化学热处理）；表面涂镀则是利用物理或化学的方法在材料表面沉积特殊性能材料。本节主要介绍表面形变强化及涂镀技术。

（1）表面形变强化

表面形变强化基本原理是通过机械手段（滚压、内挤压和喷丸等）在金属表面产生压缩变形，使表面形成形变硬化层。此形变硬化层的深度可达 0.5~1.5mm。硬化层中亚晶粒细小，甚至可以达到纳米尺度，位错密度增加，晶格畸变度增大，同时形成了较高的宏观残余压应力。这两种变化使得金属表面的强度、硬度及疲劳寿命都得到了很大的提高。

喷丸强化是将大量高速运动的弹丸（铸铁丸、钢丸、玻璃丸、硬质合金丸等）喷射到零件表面，犹如无数的小锤反复锤击金属表面，使零件表层和次表层金属发生一定的塑性变形，在塑性变形层中产生金属特有的冷作硬化，并产生一残余压应力层，如图 4-36 所示，从而提高工件表面强度、疲劳强度和抗应力腐蚀能力的表面工程技术。它已被广泛用于弹簧、齿轮、链条、轴、叶片、火车轮等零部件的制造中。

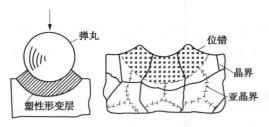

图 4-36 喷丸在表面层的作用

（2）表面涂镀技术

表面涂镀技术主要是利用外加涂层或镀层的性能使基材表面性能优化，基材不参与或者很少参与涂层的反应，对涂层的成分贡献很小。典型的表面涂镀技术包括：热喷涂技术、气相沉积（物理气相沉积和化学气相沉积）、化学溶液沉积（电镀、化学镀等）、化学转化膜（磷化、阳极氧化等）、各种现代涂装技术等。

① 热喷涂技术　传统的热喷涂技术是利用热源将喷涂材料加热至熔化或半熔化状态，并以一定的速度喷射沉积到经过预处理的基体表面形成涂层的方法，其原理如图 4-37 所示。热喷涂技术主要包括等离子喷涂、火焰喷涂、电弧喷涂、爆炸喷涂等。

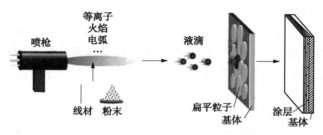

图4-37 热喷涂原理示意图

热喷涂过程中，熔化或半熔化状态的喷涂材料撞击到基体表面时发生铺展、堆积形成涂层。典型的热喷涂涂层具有层状结构的特征，如图4-38所示。图4-38(a)所示为电镀铜显化的等离子喷涂氧化铝涂层，黑色衬度为氧化铝，白色衬度为未结合的空隙，涂层的层间平均结合率最大仅约为32%。图4-38(b)所示为等离子喷涂8%(质量)$Y_2O_3$-$ZrO_2$涂层，同样为层状结构。

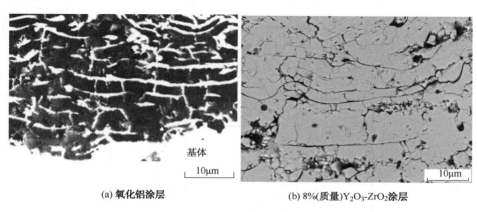

(a) 氧化铝涂层  (b) 8%(质量)$Y_2O_3$-$ZrO_2$涂层

图4-38 等离子喷涂涂层典型断面形貌

② 气相沉积　气相沉积技术是一种发展迅速、应用广泛的表面成膜技术，它利用气相中发生的物理、化学过程，在工件表面形成功能性或装饰性的涂层。按照成膜机理，气相沉积可分为物理气相沉积和化学气相沉积。

a. 物理气相沉积(PVD)　物理气相沉积是在真空条件下，采用物理方法，将固体或液体材料源表面汽化成气态原子、分子或部分电离成离子，并通过低压气体(或等离子体)过程，在基体表面沉积具有功能性或装饰性涂层或涂层的技术。按照物理机制的差别，物理气相沉积可以分为真空蒸发镀膜、真空溅射镀膜、离子镀膜，及分子束外延等。

物理气相沉积包括镀料的汽化(蒸发、升华或溅射)，镀料原子、分子或离子的迁移，镀料原子、分子或离子在基片上沉积三个步骤。

物理气相沉积技术工艺过程简单，能改善环境，无污染，耗材少，成膜均匀致密，与基体的结合力强。目前，物理气相沉积广泛应用于材料、航空航天、光学、电子、机械、建筑、冶金等领域，该技术不仅可沉积金属膜、合金膜、还可以沉积化合物、陶瓷、半导体、聚合物膜等。

b. 化学气相沉积(CVD)　化学气相沉积是一种化学气相生长方法，它是把一种或几种含有构成薄膜元素的化合物、单质气体通入放置有基片的反应室，借助气相作用或在基片上的化学反应生成预设薄膜的工艺技术。化学气相沉积包括普通CVD，等离子增强CVD、光化学反应 CVD 和金属有机物 CVD 等。

目前，CVD 技术在电子、机械等工业部门中发挥了重要作用，特别适用于一些如氧化物、碳化物、金刚石等功能薄膜的沉积。其主要缺点是需要在较高温度下反应，基片温度高，沉积效率低，基片难于进行局部沉积，反应后的余气有一定毒性。因此，CVD 技术不像 PVD 一样应用广泛。

③ 电镀　电镀是指在含有欲镀金属的盐类溶液中，在直流电的作用下，以被镀基体金属为阴极，以欲镀金属或其他惰性导体为阳极，通过电解作用，在基体表面上获得结合牢固的金属膜的表面工程技术。工业生产中，电镀的实施方式多种多样，最常见的有挂镀、刷镀、高速连续镀和滚镀等。常用于镀锌、铜、镍、铬、锡、银、金及其合金材料。

电镀反应是一种典型的电解反应，典型的原理如图 4-39 所示。从表面现象看，电镀是在外加电流的作用下，溶液中的金属离子在阴极表面得到电子而被还原为金属，并沉积在阴极表面的过程，化学反应如下：

$$Me^{n+} + ne^- \longrightarrow Me \tag{4-2}$$

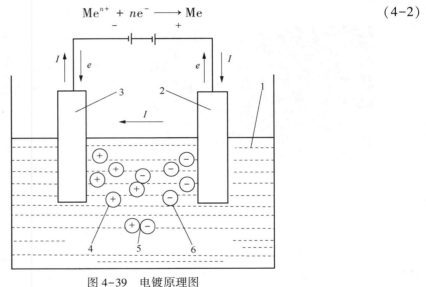

图 4-39　电镀原理图

1—电解液；2—阳极；3—阴极；4—正离子；5—未电离的分子；6—负离子

## 4.3　金属材料的机械加工

切削加工是用切削工具从毛坯上切除多余的材料，获得所需要的几何形状、尺寸和表面粗糙度的机器零件的加工方法。切削加工分为钳工和机械加工两部分。

钳工一般是由工人手持工具进行的切削加工，钳工专业主要包括：划线、錾削、锯切、锉削、刮削、研磨、钻孔、铰孔、矫正、弯曲、攻丝和套丝等。19 世纪以后，各种机床的发展和普及虽然逐步使大部分钳工作业实现了机械化和自动化，但是钳工作为切削加工的一部分仍不可缺少，其主要原因为：①划线、刮削等钳工作业至今尚无适当的机械化设备完全代替；②一些最精密的样板、磨具等仍需要工人的手艺完成；③中小批量生产中各种机件上的螺孔攻丝，仍然以钳工进行较为经济方便。

机械加工是通过工人操作机床进行切削加工的工艺，主要加工方法有：车、铣、刨、磨、钻以及齿轮加工等。

### 4.3.1 车削

采用车刀在车床上加工工件的工艺过程称为车削加工。车削加工时，主运动为工件的旋转运动，进给运动为刀具的直线运动。因此，车削加工适宜各种回转体表面的加工。

常用的车床类型主要有普通车床、六角车床、立式车床、数控车床等。其中普通车床适用于各种中、小型轴、盘、套类零件的单件、小批量生产；六角车床适用于加工零件尺寸较小、形状较复杂的中、小型轴、盘、套类零件；立式车床适用于直径较大、长度较短的重型零件(长径比 $L/D = 0.3 \sim 0.8$)；数控车床适用于多品种、小批量生产复杂形状的零件。

车削加工应用广泛，能很好适应工件材料、结构、精度、表面粗糙度及生产批量的变化。可车削各种钢材、铸件等金属，又可车削玻璃钢、尼龙、胶木等非金属。对不易进行磨削的有色金属工件的精加工，也可采用金刚石车刀进行精细车削。车削加工一般是等截面的连续切削，因此，切削力变化小，切削过程平稳，可进行高速切削和强力切削，生产率高。车削采用的车刀一般为单刃刀，其结构简单、制造容易、刃磨方便、安装方便。同时，可根据具体加工条件选用刀具材料和刀具角度。车削加工尺寸精度范围一般在 IT12 ~ IT7 之间，表面粗糙度 $R_a$ 为 $12.5 \sim 0.8~\mu m$。对于有色金属零件的加工，通过调整进给量、切削深度以及切削速度，零件表面的粗糙度 $R_a$ 可以达到 $0.4 \sim 0.1~\mu m$。

作为机械类最基本的加工方法，切削加工应用范围非常广泛。当在车床上安装不同的车刀等刀具时，可以加工出各种表面，主要应用如图 4-40 所示。

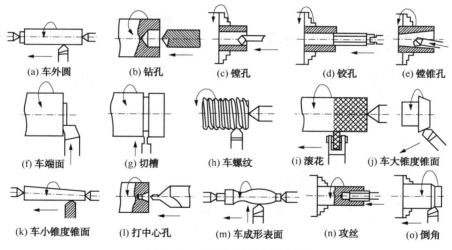

| (a) 车外圆 | (b) 钻孔 | (c) 镗孔 | (d) 铰孔 | (e) 镗锥孔 |

(f) 车端面　(g) 切槽　(h) 车螺纹　(i) 滚花　(j) 车大锥度锥面

(k) 车小锥度锥面　(l) 打中心孔　(m) 车成形表面　(n) 攻丝　(o) 倒角

图 4-40　切削加工的主要应用

### 4.3.2 铣削

在铣床上用铣刀对工件进行切削加工的方法称为铣削。铣削加工时，主运动为铣刀的旋转运动，进给运动为工件的直线运动。

铣床的种类较多，按结构分，铣床主要包括龙门铣床、升降台铣床、台式铣床、悬臂式铣床和仿形铣床等，其中升降台铣床又包括万能式、立式和卧式铣床。升降台式铣床应用最广，主要用于生产单件、小批量生产中、小型工件。龙门铣床主要用于加工大型零件。台式铣床主要用于铣削仪器、仪表等小型零件。

铣平面是铣削加工的最主要工作之一，常用的铣平面的方式有两种，分别为周铣法和端铣法。用圆柱铣刀的圆周刀齿加工平面称为周铣，如图 4-41(a)所示。用端铣刀的端面刀齿

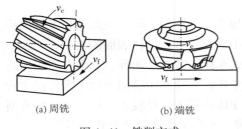

(a) 周铣　　　　　(b) 端铣

图 4-41　铣削方式

加工平面称为端铣法，如图 4-41(b)所示。

铣削时，每个齿依次切入和切出工件，形成断续切削，而且每个刀齿的切削厚度是变化的，使切削力变化较大，工件和刀齿受到周期性冲击和振动。铣削处于振动和不平稳状态。所以铣削加工只适用于粗加工和半精加工。铣刀具有多齿的特征。因此，切削过程中多个刀齿参与切削，切削刃的作用总长度长，金属切除率大。另外，由于多个刀齿的切削过程不连续，刀体体积大，散热情况好。因此，铣削速度可以提高，进而提高生产效率。铣刀的每个刀刃之间的空间有限，每个刀齿切下的切屑必须要有足够的空间容纳并且顺利排出，否则便会造成刀具损坏。为适应不同材料和切削条件的要求，提高生产效率和刀具寿命，加工工件时可以选用不同的铣刀和不同的铣削方式进行。

铣刀的种类和形状多种多样，用于不同类型的多刃回转体刀具在铣床上进行不同形式的铣削加工，如加工平面(水平面、垂直面和斜面)、沟槽(V 形沟槽、T 形沟槽等)、螺旋面、成形面、台阶、切断等。此外，利用铣床上的分度头可以加工需要等分的工件，如铣六方、花键、离合器等；还可以在铣床上安装钻头、镗刀用以加工工件上的孔。图 4-42 为铣削加工的主要应用范围。

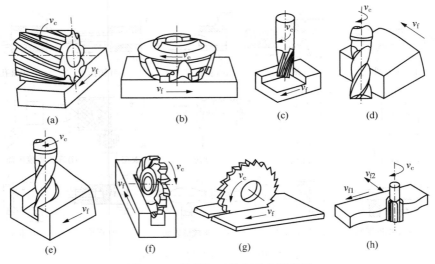

(a)　　　　(b)　　　　(c)　　　　(d)

(e)　　　　(f)　　　　(g)　　　　(h)

图 4-42　铣削加工的主要应用范围

### 4.3.3　钻削

用钻头在实体零件上加工孔的方法称为钻削加工。钻头的旋转运动为主运动，钻头向工件的轴向移动作进给运动。钻削加工通常在钻床或车床上进行，也可以在镗床或铣床上进行。钻床通常分为台式钻床、立式钻床和摇臂钻床。

钻削加工最常用的刀具为麻花钻，标准麻花钻分为三部分：柄部、颈部与工作部分，如图 4-43 所示。柄部(尾部)是钻头的夹持部分。颈部位于柄部与工作部分之间，起连接(过渡)作用。工作部分是钻头主体，由导向部分和切削部分组成，导向部分主要起导向作用，切削部分主要担负切削工作。

由于钻头工作部分大都处于已加工表面的包围中，钻孔时钻头易发生"引偏"。引偏是指钻头弯曲而引起的孔径扩大，孔不圆。由于容屑槽的尺寸限制易造成切屑不容易由容屑槽导出排屑。排屑过程中，切屑与孔壁产生的摩擦、挤压易造成钻孔表面刮伤，降低钻孔质量。同时，排屑困难还易造成钻头的卡死，甚至折断。同时钻孔是一种半封闭式的切削，产生的热量

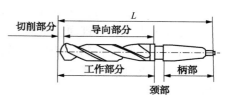

图 4-43　麻花钻结构

主要靠切屑、工件及刀具本身导出，但是散出热量有限。钻屑产生的热量部分集中在工件和钻头中，使刀具磨损加剧。

钻孔主要用于粗加工，如螺钉孔、油孔、内螺纹底孔等。单件、小批量生产中，中小型工件的小孔($D<13$mm)常用台式钻床加工，中小型工件上直径较大的孔($D<50$mm)常用立式钻床加工，大中型工件上的孔采用摇臂钻床加工，回转工件上的孔多在车床上加工。

### 4.3.4　刨削

在刨床上，用刨刀加工工件的方法称为刨削。刨削是加工平面的主要方法之一。在刨床上，滑枕的往复直线运动为主运动，进给运动为工作台带动工件所做的间歇移动进给。刨削加工精度为 IT9～IT7，表面粗糙度 $R_a = 6.3～1.6$ μm。常用的刨床为牛头刨床、龙门刨床和插床。其中，牛头刨床适用于中、小零件的加工；龙门刨床适用于大型零件的加工；插床主要用于加工工件内表面，如花键、键槽等。常见刨刀及其应用如图 4-44 所示。

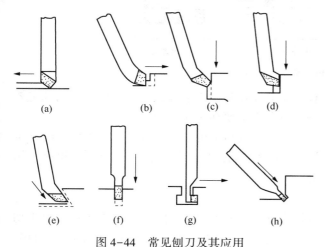

图 4-44　常见刨刀及其应用

刨削使用刀具简单，机床通用性好。但是刨削开始切入时对刀具有冲击力，切削断续，加工精度不高。刨削时进程切削，回程不切削，且受冲击力和惯性力的影响，切削速度不高，生产效率低。

### 4.3.5　磨削

磨削就是用砂轮、油石和磨料(氧化铝、碳化硅等微粒)对工件表面进行切削加工。磨床使用砂轮进行加工，精磨机床用油石或磨料进行加工。磨削加工常用于内外圆柱面、内外圆锥面、各种平面以及螺纹、齿轮、花键、成型面等的精加工。常用的磨削工艺如图 4-45 所示。

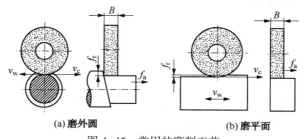

(a) 磨外圆　　　　　　　(b) 磨平面

图 4-45　常用的磨削工艺

磨削加工精度高，一般可获得 IT5～IT7 级精度，表面粗糙度可达 $R_a = 0.2 \sim 1.6 \mu m$。可磨削内外圆表面、圆锥面、平面、齿面、螺旋面等各种表面。除可磨削常用金属材料外，还能够用于普通塑性材料、铸件等脆材、淬硬钢、硬质合金、宝石等高硬度难切削材料。但是，磨削速度高、耗能多，切削效率低，磨削温度高，工件表面易产生烧伤、残余应力等缺陷。

### 4.3.6 其他加工方法

（1）镗削

镗削加工是一种用刀具扩大孔或者其他圆形轮廓的内径的切削工艺。镗刀旋转做主运动，工件或镗刀作进给运动。由于镗刀结构简单，轻便，价格便宜，对于尺寸较大的孔及非标准孔通常采用镗削加工代替扩孔和铰孔。常用镗削方式如图 4-46 所示。

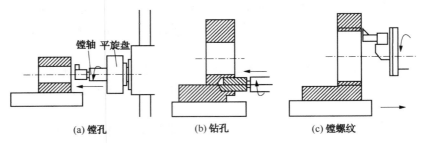

(a) 镗孔　　　　(b) 钻孔　　　　(c) 镗螺纹

图 4-46　常用镗削方式

镗孔可以在多种机床上进行，常见的有车床上镗孔和镗床上镗孔。回转体零件的孔主要在车床上镗，箱体类零件上的孔或(垂直／平行)孔系主要在镗床上镗。

镗床加工工艺适应能力强，加工范围广泛，镗孔的精度可达 IT9～IT7，表面粗糙度 $R_a = 3.2 \sim 0.8 \mu m$，但机床和刀具调整复杂，操作技术要求高，生产效率低。适合加工机座、箱体、支架等外形复杂的大型工件上的孔。

（2）扩孔

扩孔是用扩孔钻对工件上已有的孔进行扩大加工。扩孔钻结构如图 4-47 所示。由于切削条件及刀具结构比钻孔时好，扩孔加工完成的孔表面质量较高，一般精度为 IT10～IT9，表面粗糙度 $R_a = 3.2 \sim 1.6 \mu m$，因此，扩孔常用作孔的半精加工。当孔的精度和表面质量要求更高时，则采用铰孔。

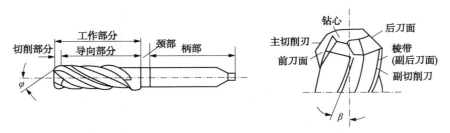

图 4-47　扩孔钻结构示意图

（3）铰孔

铰孔是铰刀从工件孔壁上切除微量金属层，提高孔的尺寸精度及孔表面质量的加工工艺，是应用较为普遍的孔的精加工方法之一。一般精度可达 IT9～IT7，表面粗糙度 $R_a = 1.6 \sim 0.4 \mu m$。铰孔有两种加工方式包括机铰和手铰。铰刀结构如图 4-48 所示。

铰孔时铰刀的修光部分具有校准孔径修光孔壁的作用，铰削余量小，切削力小，切削速度低，切削热少，工件变形小。但是铰孔刀具的适应性差，一定直径的铰刀只能加工一种直径和尺寸公差等级的孔。

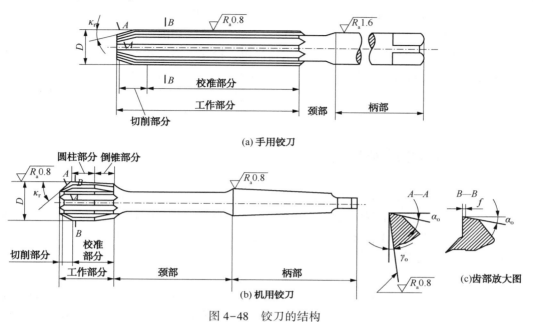

(a) 手用铰刀

(b) 机用铰刀

(c) 齿部放大图

图 4-48　铰刀的结构

（4）拉削加工

拉削加工是使用拉床（拉刀）加工各种内外成型表面的切削工艺。拉削加工以拉刀的直线运动为主运动，进给运动是依靠拉刀的后一个刀齿高于前一个刀齿来实现。拉刀拉孔过程如图 4-49 所示。拉刀结构复杂，其典型的特点是后一个齿高于前一个齿，制造成本高，且具有一定的专用性，因此，拉削主要用于成批大量生产。

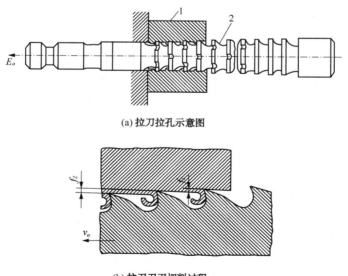

(a) 拉刀拉孔示意图

(b) 拉刀刀刃切削过程

图 4-49　拉刀拉孔过程

1—工件；2—拉刀

拉削加工的切削速度一般并不高，但是，拉刀是多齿工具，同时参与工作的刀齿数较多，总的切削宽度大。在拉刀的依次工作行程中，能够完成粗—半精—精加工，大大缩短了基本工艺时间和辅助时间，所以拉削生产效率高。拉削加工精度一般为 IT8~IT7，表面粗糙度为 $R_a = 0.8 \sim 0.4\mu m$。拉刀具有校准部分，其作用是校准尺寸，修光表面，并可作为精切齿的后备刀齿。另外，拉削的切削速度较低($v < 18m/min$)，切削过程平稳，可避免积屑瘤的产生。拉削只有一个主运动，所以，拉床结构简单，操作方便。拉削可以加工平面、各种形状的通孔及半圆弧面和某些组合表面，所以拉削加工范围广。拉削速度低，刀具磨损慢，刃磨一次可以加工数以千记的工件。但是，拉刀的结构和形状复杂，精度和表面要求较高，制造成本高。

# 4.4　非金属材料的加工方法

非金属材料大多成型工艺简单，生产成本较低，已经广泛应用于轻工、家电、建材、机电等各行各业中，目前在工程领域应用最多的非金属材料主要是塑料、橡胶、陶瓷及各种复合材料。本节主要介绍陶瓷、玻璃、塑料、橡胶及复合材料的加工方法。

### 4.4.1　无机非金属材料的加工

（1）陶瓷材料加工

由于烧结收缩率大，陶瓷制品的尺寸精度无法保证，而陶瓷制品都有尺寸和表面精度的要求，因此，尽管陶瓷材料的高硬度、高强度、低塑性和低韧性造成陶瓷材料难于加工，但是烧结后的陶瓷制品仍需再加工。

陶瓷材料的加工方法较多，主要分为机械加工、化学加工、光化学加工、电化学加工、电学和光学加工等。表4-3所示为陶瓷材料的加工方法。

表4-3　陶瓷材料的加工方法

| 种类 | 加工方法 | | |
|---|---|---|---|
| 机械加工 | 刀具加工 | 切削加工、切割 | |
| | 磨料加工 | 固结磨料加工 | 磨削、砂布砂纸加工、珩磨等 |
| | | 悬浮磨料加工 | 研磨、超声波加工、抛光等 |
| 化学加工 | 蚀刻、化学研磨、化学抛光 | | |
| 电学加工 | 电火花加工、电子束加工、离子束加工、等离子体加工 | | |
| 光学加工 | 激光加工 | | |
| 电化学加工 | 电解研磨、电解抛光 | | |
| 光化学加工 | 光刻 | | |

① 切削加工　陶瓷材料在刀具或磨粒的切削刃挤压作用下，会在刀刃附近产生裂纹，裂纹先向下前方扩展，并沿着与最大主应力垂直方向的包络线成长。如果切削条件合理，裂纹被控制，不深入到加工表面，便可获得良好的加工表面。

陶瓷材料具有很高的硬度和耐磨性，对于一般工程陶瓷的切削，只有超硬刀具才能胜任，并且由于陶瓷材料是典型的脆性材料，需要专用夹具，缓冲震动，切削过程中必须要用冷却液进行冷却和润滑。

② 研磨加工　研磨加工时首先涂覆游离磨粒与研磨剂的混合物在一定刚性的软质研具

上，然后对工件施加一定压力并作相对滑动，从而使磨粒与工件之间发生相对滚动与滑动。研磨加工能够去除研磨工件上极薄的余量，达到提高工件精度、降低表面粗糙度目的。

③ 电子束加工　在真空条件下，利用聚焦后能量密度极高的高速电子束冲击陶瓷工件表面上，在极短的时间内，其能量大部分转变为热能，使被冲击的工件发生局部熔化或汽化以达到加工的目的。

④ 激光加工　激光加工是利用能量密度极高的激光束照射到待加工陶瓷工件表面上，工件表面局部吸收激光能量，温度升高，从而改变工件表面的结构和性能的加工工艺。

（2）玻璃的加工

常温下，通过机械方法改变玻璃及玻璃制品的外形和表面状态的过程为冷加工，又称机械加工。冷加工的基本方法有：研磨和抛光、切割、磨砂、喷砂、切割和钻孔等。

切割利用玻璃的脆性和残余应力，在切割点加一刻痕造成应力集中，使之易于折断。切割是玻璃制品最基本的加工方法，分为划切和锯切。划切是利用玻璃的脆性、抗张应力低和有残余应力的性能，在切割处添加刻痕，造成局部应力集中并完成切割。采用金刚石锯片或碳化硅锯片进行切割的方法为锯切。

玻璃常用的钻孔方法有机械法、冲击钻孔、超声波钻孔等。其中，机械法包括常见的钻床钻孔、研磨钻孔等方法。冲击钻孔是利用钻孔凿子在电磁振荡器的控制下连续冲击玻璃表面进行的打孔。超声波钻孔法是利用超声波发生器使工具振动的原理加工玻璃的方法。

玻璃的热加工主要是利用玻璃黏度随温度改变、表面张力与热导率等特性来进行的。玻璃的黏度随温度升高降低，同时由于热导率小，采用局部加热的方法，可以使局部软化、变形，以便进行切割、钻孔、焊接等加工。玻璃的热加工方法主要有：烧口、真空成型、火抛光、火焰切割或钻孔、激光切割或钻孔、高压水射流切割或钻孔等。

## 4.4.2　高分子材料的加工方法

（1）塑料的加工

塑料成型的工艺过程包括塑料成型和塑料加工。塑料成型是指将原料（树脂与各种添加剂的混合料或压缩粉）在一定温度和压力下塑制成一定形状制品的过程。塑料加工指将成型后的塑料制品再经后续加工（如机械加工等）制成成品零件的工艺过程。

成型加工方法很多，包括注射成型、挤出成型、中空成型、压塑成型、压延成型等。塑料加工的主要工艺方法有机械加工、连接加工、表面处理和吹塑成型等。

① 注射成型　注射成型，又称注塑成型，是利用注塑模具在专门的注射机上进行，其过程是将颗粒或粉状塑料从注射机的料斗中送进加热的料筒中，经过加热熔融塑化成为黏流态熔体，在注射机柱塞或螺杆的高压推动下，以很大的流速通过喷嘴注入模具型腔，保压冷却定形一定时间后开模分型获得成型塑件。注射成型是热塑性塑料主要成型方法之一。

② 挤出成型　挤出成型是使加热或未经加热的塑料借助螺杆的旋转推进力通过模孔连续地挤出，经冷却凝固而成为具有恒定截面的连续成型制品的方法。挤出成型工艺参数主要包括压力、温度、挤出时间和牵引速度等。挤出成型是热塑性塑件的主要生产方法之一，其生产的制品约占所有塑料制品的 1/3 以上，几乎适合所有的热塑性工程塑料，也可用于热固性工程塑料的成型，但仅限于酚醛树脂等少数几种热固性工程塑料。

③ 压塑成型　压塑成型，又称压缩成型、模压成型，是塑料成型加工中传统的工艺方法。首先，将粉状、粒状或片状塑料放在金属模具中加热软化熔融，在压力下充满模具成型，高分子产生交联反应而固化转变成为具有一定形状和尺寸的塑料制件。

④ 机械加工　机械加工是采用钻、磨、铣、车削等机械加工方法对已经成型的产品进行二次加工操作。由于塑料的刚度只有金属的 1.6%~10%，夹紧力和切削力不能太大，刀具刃口应保持锋锐，防止工件变形影响加工精度。

⑤ 连接加工　连接加工是采用热熔粘接（焊接）、粘接、机械连接等方法，使塑料型材或零件固定在一起的二次加工操作。可以将简单的小构件组合成大而复杂的构件。

⑥ 表面处理　表面处理是对塑料制品表层进行修整和装饰，以改变塑料零件的表面性质，提高其抗老化、耐蚀能力的二次加工方法，也可起着色装饰作用。

⑦ 吹塑成型　吹塑成型，也称为中空吹塑或吹塑模塑，主要用于制造空心塑料制品的成型工艺。

（2）橡胶的加工方法

橡胶制品的主要原料是生胶、再生胶以及各种配合剂，有些制品还需要纤维或金属材料作为骨架材料。生胶、再生胶以及各种配合剂经过塑炼、混炼后，再经过压延、压出、硫化等加工过程，最终形成橡胶制品。橡胶的切削加工较少用到，在一些密封垫等另加的加工中可能会涉及。

① 压延　压延是使物料受到延展的工艺过程，通过热辊筒对胶料的辊压完成。压延机主要有二辊、三辊、四辊压延机，可根据制品和工艺的要求不同选取。压延是生产橡胶半制品的工艺过程，它主要包括贴胶、擦胶、压片、贴合和压型等操作。

② 压出　压出，也称挤出，利用压出机使加热、塑化的胶料在螺杆和料筒的挤压作用下，不断进入压出机的口模，压出具有一定断面形状的橡胶半制品。压出所采用的设备与生产塑料制品的挤出机基本相同，生产橡胶的挤出机一般称为压出机。

③ 硫化　在加热或辐射的条件下，胶料中的生胶与硫化剂发生化学反应，由线型结构的大分子交联成为立体网状结构的大分子，此时，胶料的力学等性能发生了根本的变化，这一工艺过程称为硫化。硫化是橡胶制品生产过程的最后一道工序，对改善橡胶制品力学及其他性能，满足使用要求，延长寿命至关重要。硫化方法通常分为室温硫化法、冷硫化法与热硫化法。

④ 切削加工　切削加工性分级中，橡胶属难切削材料。橡胶的弹性模量小，弹性恢复快，在切削中极易变形，很难控制尺寸和形状精度。特别是切削余量小时，很难切下切屑。橡胶的硬度和强度很低，要求刀具的楔角小，刃口十分锋利。刀尖部分要磨出大于进给量的修光刃或圆弧，否则影响加工质量。刀具楔角很小，橡胶导热性差，导致散热条件差，而且由于橡胶弹性恢复大而快，刀具容易变钝。因此，要选用高速钢、YG6X、YG8 等牌号的硬质合金做刀具。连续切削时，切屑要成带状，不断屑，因此，要控制切屑流向，避免切屑缠绕在工件或刀具上。一般不用切削液，若要用，只能用水溶液。禁止用油类，以防止橡胶变质和变形。切削软橡胶时，为了高质量的完成切削操作，不论是车刀、铣刀、刨刀还是钻头，都必须有大前角、大后角、小楔角、刀刃刃口锋利等特点。

### 4.4.3　复合材料的加工方法

加工方法指对基本的复合材料型件如平板、梁和管等进行的加工，包括成型、连接、机械加工和热处理等工艺过程。复合材料结构设计力求整体成型，尽量不用或少用连接，但是由于模具尺寸、加工设备等限制及使用需要，连接不可避免。同时由于复合材料使用的日益广泛，对其连接的要求也越来越高。复合材料连接技术要考虑接头形式、承载能力、疲劳寿命和制造工艺等一系列问题，是复合材料应用研究的一个难点。

（1）金属基复合材料的加工

连续纤维增强金属基复合材料具有明显的各向异性，沿纤维方向材料的强度高，而垂直纤维方向性能低，纤维与基体的结合强度低，因此在加工过程中容易造成分层脱黏现象，破坏了材料的连续性，用常规的刀具和方法难以加工。而晶须、颗粒增强金属基复合材料由于增强物均很坚硬，在加工过程中对刀具的磨损十分严重。金属基复合材料可以用车、铣、钻等方法进行机械加工，切削刀具一般采用聚晶金刚石刀具，铝基复合材料只宜用金刚石刀具精加工。另外电火花、激光、电子束及高压水都可用于金属基复合材料的切削加工。

金属基复合材料中增强物的加入影响焊接熔池的黏度和流动性，增强物与基体金属的化学反应又限制了焊接速度，因此给金属基复合材料的焊接造成较大困难。常采用钨极氩弧焊、熔化极氩弧焊、扩散焊、钎焊、惯性摩擦焊等方法。

（2）树脂基复合材料的加工

树脂基复合材料分为热固性树脂基复合材料和热塑性树脂基复合材料。玻璃纤维增强热固性树脂基复合材料属难切材料，一般采用金刚石或立方氮化硼刀具切割，同时，为降低磨损，还需要针对待切材料设计刀具的几何参数。

树脂基复合材料连接技术主要可分为胶连接、机械连接或两者结合的连接方法。对于机械连接来说，由于开孔会削弱材料，同时由于复合材料各向异性，孔周围必然存在严重应力集中。胶连接是用胶黏剂将构件粘接成不可拆卸的整体，接头形式包括搭接、斜接和对接接头。胶连接抗剪能力较强，但抗剥离能力较差，设计中接头处应以受剪为主，尽量避免承受弯矩等引起的剥离力，对不可避免的剥离作用，可在局部采用铆钉或螺栓加强。

（3）陶瓷基复合材料的加工

陶瓷基复合材料的切削加工可利用金刚石、立方氮化硼、硬质合金钢等超硬刀具进行，切削加工过程中，材料表面受到机械应力作用，容易在材料表面产生凹坑、崩口、表面及表下层微裂纹，因此常用超声、激光、放电加工以及机械加工等复合加工技术进行加工。

陶瓷基复合材料一般使用温度高或焊接的连接方法较可靠。然而其基体熔点高，不能使用熔焊；耐压能力差，不能使用大的压力进行固相扩散连接；加上复合材料的化学惰性使之不易润湿，又造成钎焊的困难。因此目前常用的焊接方法有钎焊、无压固相反应连接、聚合物分解连接及在线液相渗透连接等。

# 5　材料分析方法

材料分析方法是关于材料成分、结构、微观形貌、性能与缺陷等的分析、测试技术及其有关理论基础的科学。它已成为材料科学的重要研究手段，广泛应用于研究、解决材料理论和工程实际问题。材料分析采用各种不同的测量信号，如力、磁、声、光、电等，对表征材料的物理性质、物理化学性质参数及其变化规律等进行检测，并形成了各种不同的材料分析方法。如基于电磁辐射及运动粒子束与物质相互作用，形成了光谱分析、电子能谱分析、衍射分析与电子显微分析。本章从材料的成分及物相、组织结构、性能与损伤的角度介绍常用的材料分析方法。

## 5.1　材料成分及物相分析方法

材料的成分及物相是决定其性质的根本因素，因此确定材料的成分及物相特征是一般研究的基础工作。元素分析可以定性或定量给出材料中的元素类型及其含量，物相分析能够定性或定量给出物质的种类及含量。

### 5.1.1　成分分析方法

根据测试原理，成分分析方法可分为化学方法、电化学方法及物理方法，在物理方法中又可以细分为光谱法、能谱法、质谱法等。常用的材料平均成分分析方法有直读光谱法、原子吸收光谱法、X 射线荧光光谱法、化学滴定法等。然而实际材料中元素的分布是不均匀的，这种不均匀性对材料性能有显著影响。因此对于材料性能研究来说，原位微区成分分析也是常用的成分分析方法，如俄歇电子能谱分析、X 射线光电子能谱等。以黑色金属为例，C、Si、S、P、H、O、N、Mn、Cr、Ni、Mo、Nb、V、Ti 等元素，是冶金、机械及金属结构制造领域广泛关注的化学成分，利用不同原理，形成了各种含量测定方法，部分测定方法如表 5-1 所示。

表 5-1　钢铁中 C、Si、Mn 等成分含量的测定标准及基本原理

| 元素 | 标准号 | 测定原理 | 元素 | 标准号 | 测定原理 |
|---|---|---|---|---|---|
| C | GB/T 223.69—2008<br>GB/T 20124—2006 | 容量法<br>红外吸收法 | Mn | GB/T 223.64—2008 | 原子吸收光谱法 |
| S | GB/T 223.72—2008 | 重量法 | Cr | GB/T 223.11—2008 | 滴定法 |
| P | GB/T 223.3—1988 | 重量法 | Ni | GB/T 223.23—2008<br>GB/T 223.25—1994 | 分光光度法<br>重量法 |
| O | GB/T 11261—2006 | 红外吸收法 | Mo | GB/T 223.26—2008 | 分光光度法 |
| H | GB/T 223.82—2007 | 热导法 | Nb | GB/T 223.40—2007 | 分光光度法 |
| N | GB/T 20124—2006 | 热导法 | V | GB/T 223.13—2000<br>GB/T 223.14—2000 | 滴定法<br>光度法 |
| Si | GB/T 223.5—2008<br>GB/T 223.60—1997 | 分光光度法<br>重量法 | Ti | GB/T 223.84—2009 | 分光光度法 |
| 多元素 | GB/T 223.79—2007 | X 射线荧光光谱 | | | |

（1）化学方法

化学分析一般指经典的质量分析和容量分析。根据试样经过化学实验反应后生成产物的质量，来计算式样的化学组成的方法称为质量法。容量法则根据试样在反应中所需要消耗标准试液的体积确定组分含量。容量法既可以测定试样的主要成分，也可以测定试样的次要成分。容量分析又称为滴定分析，主要分为酸碱滴定分析、络合滴定分析、氧化还原滴定分析、沉淀滴定分析。

燃烧-气体容量法（GB/T 223.69—2008）是国内外测定钢铁中碳含量的标准方法，可以测定碳含量的绝对值，且方法简单。将试样在1200~1300℃的高温$O_2$气流中燃烧，钢铁中的碳被氧化生成$CO_2$。生成的$CO_2$与过剩的$O_2$经导管引入量气管，测定容积，然后通过装有KOH溶液的吸收器，吸收其中的$CO_2$，剩余的$O_2$在进入量气管。根据吸收前后的容积差可知$CO_2$的容积，根据式（5-1）可确定碳的质量分数。

$$w_C = \frac{\Lambda \times V \times f}{m} \times 100 \qquad (5-1)$$

式中　$\Lambda$——每毫升$CO_2$中的含碳量，g；

　　　$V$——吸收前后气体体积差，即体积，mL；

　　　$f$——温度、气压补正系数；

　　　$m$——试样质量的数值，g。

硫酸钡重量法是测定钢铁试样中硫含量的（GB/T 223.72—2008）经典方法。在有溴的情况下，试样在稀硝酸或盐酸中溶解。冒高氯酸烟，过滤除去硅、钨、铌等脱水物。滤液中准确加入一定量的硫酸根离子辅助沉淀，通过色层分离，硫酸根离子被吸附在氧化铝色层柱上，用稀氨水将其洗脱，硫酸根以硫酸钡形式沉淀、过滤、洗涤、灼烧、称量。硫含量以质量分数计，按式（5-2）计算。

$$w_S = \frac{m_1 - m_2}{m_0} \times 0.1374 \times 100 \qquad (5-2)$$

式中　$m_1$——试料中测得硫酸钡的质量，g；

　　　$m_2$——空白试验中得到的硫酸钡的质量，g；

　　　$m_0$——试料质量，g；

　0.1374——由硫酸钡换算到硫的换算系数。

钢铁中磷的含量可采用二安替比林甲烷-磷钼酸重量法（GB/T 223.3—1988）测定。试样加溶解酸，加热溶解并进行一系列处理。在0.24~0.60mol/L盐酸溶液中，加二安替比林甲烷-钼酸钠混合沉淀剂，形成二安替比林甲烷-磷钼酸沉淀，过滤洗涤后烘至恒重，用丙酮-氨水溶解沉淀，再烘至恒重，由失重求得磷的质量分数，如式（5-3）所示。

$$P(\%) = \frac{[(m_1 - m_2) - (m_3 - m_4) \times 0.01023]}{m_0} \times 100 \qquad (5-3)$$

式中　$m_1$——沉淀加坩埚质量，g；

　　　$m_2$——坩埚加残渣质量，g；

　　　$m_3$——随同试样所做空白沉淀加坩埚质量，g；

　　　$m_4$——随同试样所做空白坩埚加残渣质量，g；

　　　$m_0$——试样质量，g；

　0.01023——二安替比林甲烷-磷钼酸换算成磷的换算系数。

（2）电化学分析法

电化学分析法应用电化学原理和技术，利用原电池模型的原理，分析所测样品的电极种类及电解液的组成和含量，以及两者之间电化学性质关系的一类分析方法。根据测量的电信号不同，电化学分析法可分为电位法、电解法、电导法和伏安法。如电位分析可用于测试样品中的几十种离子（$F^-$、$Cl^-$、$Br^-$、$I^-$、$CN^-$、$NO_3^-$、$CO_3^{2-}$、$K^+$等）的含量，铬铁中铬的含量可以采用电位滴定（GB/T 223.11—2008）的方法确定。

（3）物理分析法

① 热导法　热导法利用被测组分和载气的热导系数不同进行检测，该方法是钢铁中氮、氢含量的测定方法（GB/T 20124—2006、GB/T 223.82—2007）。在氩气中，用石墨坩埚于高温（如2200℃）熔融试料，氮或氢以分子形态被提取在氩气流中，与其他气体提取物分离后，用热导法测量。

② 红外吸收光谱分析　钢铁中氧含量可以采用红外吸收光谱法（GB/T 11261—2006）测定。将预先制备好的试料，投入处在氦（或氩）气流的石墨坩埚中，用低压交流电直接加热至2300℃左右熔融，试料中的氧呈一氧化碳形式析出（或经加热400℃的稀土氧化铜转化成二氧化碳），导入红外线检测器进行测定。

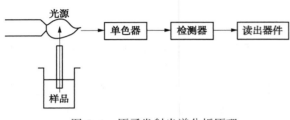

图 5-1　原子发射光谱分析原理

③ 原子发射光谱分析　原子发射光谱法是采用火焰、电弧、电火花等光源激发待测试样的原子，采用目测、光电池或光电管、感光板、光电读数系统等，记录原子跃迁过程中所辐射特征谱线的波长和强度，从而确定待测试样中某元素的类型及含量。其原理如图5-1所示。

目视火焰光分析法采用眼睛来观察与辨认试样元素被激发时所辐射的光谱。如碳钢含碳量的火花判定方法，通过砂轮等器具使金属材料产生火花，根据火花的颜色、亮度鉴别钢铁中碳的含量，从而确定其牌号。该方法是一种最简易的成分判定方法。

直读光谱（Optical Emission Spectrometer，OES）分析广泛应用于金属成分的检测中，一般利用等离子体作为光源，采用CCD或CID原件记录光谱，其检测元素范围广，检测精度高。如全谱直读等离子体发射光谱仪（Inductively Coupled Plasma-Atomic Emission Spectrometry，ICP-AES或ICP-OES）具有高分辨率、高灵敏度，可同时测定元素周期表中的所有金属及碳、硫、磷等七八十种元素，大部份元素的检出限介于 $1\sim10ppb$（$1ppb=10^{-3}mg/kg$），一些元素也可达到亚ppb级。试样制备可采用低速冷加工的方法，从结构上切取直经为34mm的块体进行分析。该方法简单方便，广泛应用于科学研究及工程实践。

④ 原子吸收光谱分析　原子吸收光谱（Atomic Absorption Spectroscopy，AAS）分析以空心阴极灯为光源，辐射出具有待测元素特征谱线的光，通过火焰、石墨炉或化学原子化器将试样蒸气原子化，使光通过原子化的蒸气，利用分光系统和检测系统确定辐射特征谱线光被减弱的程度，从而测定试样中待测元素的含量，如图5-2所示。该方法可测几乎所有金属及B、Si、Se、Te等半金属元素，约70种。但不宜用于测定难熔元素、非金属元素，且不能多元素同时分析。具有高分辨率、高灵敏度，如石墨炉AAS的大部分元素检出限可达到亚ppb级。

⑤ 原子荧光光谱分析　原子荧光光谱（Atomic Fluorescence Spectrometry，AFS）分析采用原子化器使被测样品蒸汽化，并被强光源发射的光辐射照射，原子外层电子产生荧光辐射，

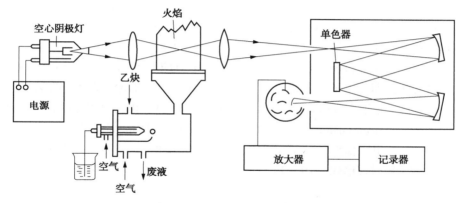

图 5-2　原子吸收光谱分析原理

分光系统和检测系统分析荧光辐射，从而确定元素种类及含量。该方法的原理为原子发射光谱法，但是由光激发发射，因此设备更接近于原子吸收光谱的仪器。

⑥ X 射线荧光光谱分析　X 射线荧光分析又称 X 射线次级发射光谱分析。本法利用原级 X 射线光子或其他微观粒子激发待测物质中的原子，使之产生次级的特征 X 射线（X 光荧光），从而进行物质成分分析和化学态研究的方法。X 射线荧光光谱分析（XFS）分为荧光波谱分析（波长色散型）与荧光能谱分析（能量色散型）。X 荧光波谱分析仪如图 5-3 所示，X 射线管发出的射线照射样品，使之产生荧光辐射，通过准直器（光栏）照射至分光晶体上进行色散（分光），计数器接受并转换为电信号，经过处理后形成荧光光谱图。

⑦ 俄歇电子能谱分析　俄歇电子能谱（Auger Electron Spectroscopy，AES）是一种表面科学的分析技术，可定性分析元素种类，并能够定量分析元素含量。

俄歇电子能谱仪包括电子枪、能量分析器、二次电子探测器、样品室、溅射离子枪和信号处理与记录系统等，如图 5-4 所示。样品和电子枪装置需置于 $10^{-9} \sim 10^{-7}$ Pa 的超高真空分析室中。

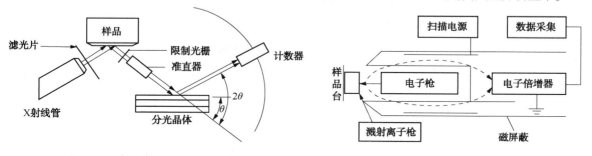

图 5-3　X 射线荧光光波谱分析原理　　　　图 5-4　俄歇电子能谱仪基本结构

当俄歇电子能谱仪用一定能量的电子束轰击样品时，样品原子的内层电子电离，产生俄歇电子，并从样品表面逸出。由于俄歇电子的特征能量主要由原子的种类确定，因此测试俄歇电子的能量，可以确定样品中存在的元素；在一定的条件下，根据俄歇电子信号的强度，可确定元素含量，进行定量分析；再根据俄歇电子能量峰的位移和形状变化，获得样品表面化学态的信息。俄歇电子能谱仪可分析除 H 和 He 以外的所有元素含量及其化学态，对于轻元素 C、O、N、S、P 等有较高的分析灵敏度。分析区域为固体样品表面 0.4~2nm 区域的薄层，并能给出成分随深度变化的规律，而且可以进行分析范围≤50nm 的微区成分分析。

⑧ 电子探针分析　电子探针显微镜（Electron Probe Microscope Analysis，EPMA）亦称电

子探针仪，是一种微区成分分析方法，空间分辨率达到微米乃至亚微米量级；对原子序数高于 10、浓度高于 10%的元素，其定量分析相对误差小于±2%。

电子探针的工作原理是用细聚焦电子束入射样品表面，激发样品元素的特征 X 射线。分析特征 X 射线的波长或特征能量，即可知道样品中对应元素的种类，从而进行定性分析。分析 X 射线的强度，即可知道样品中对应元素含量的多少，得出定量分析结果。

电子探针由电子光学系统（镜筒）、光学系统（显微镜）、电源系统和真空系统以及波谱仪（Wave Dispersive Spectrometer，WDS）或能谱仪（Energy Dispersive Spectrometer，EDS）组成，如图 5-5 所示。电子探针仪镜筒部分的构造大体上和扫描电子显微镜相同，只是在检测器部分使用的是 X 射线谱仪，用来检测 X 射线的特征波长或特征能量，以此来对微区的化学成分进行分析。

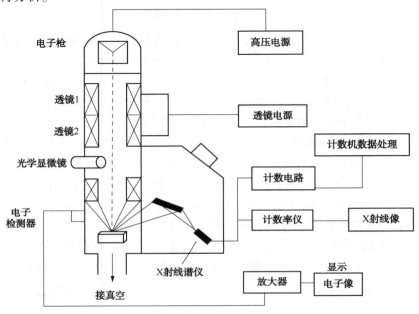

图 5-5　电子探针的基本结构

目前，扫描电镜及透射电镜也大多配有能谱仪，因此也可以进行微区成分分析。波谱仪的能量分辨率为 10eV，而能谱仪的能量分辨率为 150eV，但是能谱仪可以同时检测多个元素，检测速度快。

⑨ X 射线光电子能谱分析　X 射线光电子能谱（X-ray Photoelectron Spectroscopy，XPS）是化学分析用电子能谱，主要用于化学成分和化学态的分析。广泛应用于表面组成变化过程的测定分析，如表面氧化、腐蚀、物理吸附和化学吸附等分析中。

X 射线光电子能谱仪基本构成如图 5-6 所示，主要由 X 射线源、样品室、电子能量分析器、检测器、显示记录系统、真空系统及计算机控制系统等部分组成。X 射线光电子能谱仪利用电子束作用靶材后，产生的特征 X 射线（光）照射样品，使样品中原子内层电子以特定的几率电离，形成光电子，光电子从产生处输

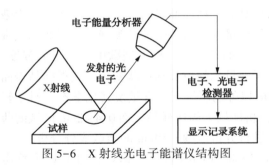

图 5-6　X 射线光电子能谱仪结构图

运至样品表面，克服表面逸出功离开表面，进入真空被收集、分析，获得光电子的强度与能量之间的关系谱线，根据光电子谱线的峰位、高度及峰位的位移可以确定元素的种类、含量及元素的化学状态，分别进行表面元素的定性分析、定量分析和表面元素化学状态分析。X射线光电子能谱仪能反映样品的表面信息，其分析深度为 0.5 ~ 2.0nm，可用于元素周期表中除 H 和 He 以外的所有元素及其化学状态的定性及半定量分析。一般采用固体样品，为直径≤10mm、厚度为 1mm 左右的片状，可采用除气或清洗、$Ar^+$离子表面刻蚀、打磨、断裂或刮削及研磨等方法进行表面清理。该方法也可对气体、液体进行成分分析。

### 5.1.2 物相分析方法

物相是指材料中成分和性质一致、结构相同并与其他部分以界面分开的部分。当材料的组成元素为单质元素或多种元素但不发生相互作用时，物相即为该组成元素；当组成元素发生相互作用时，物相则为相互作用的产物。由于组成元素间的作用有物理作用和化学作用之分，故可分别产生固溶体和化合物两种基本相。因此，材料的物相包括纯元素、固溶体和化合物。物相分析是指确定所研究的材料由哪些物相组成（定性分析）和确定各种组成物相的相对含量（定量分析）。

（1）化学物相分析

化学物相分析根据元素或化合物的化学性质的不同，研究物相的组成和含量，是地质、冶金、化工和环保等部门的不可或缺的一项分析检验项目。化学物相分析通常是借助各种矿物在溶剂中的溶解度和溶解速度不同，使其中的某种矿物有选择地溶解，而与其他矿物分离，然后用适宜的分析方法（质量法、滴定法、光度法、极谱法等）直接测定该矿物的主要元素。也经常采用间接的测定方法，可以归纳为以下 4 种：①测定矿物分解产生的气体的储量，计算该矿物含量，如某些硫化物和碳酸盐矿物；②测定矿物中特征价态的元素含量，如选择溶解氧化铁矿物，测定溶出的亚铁含量，计算磁铁矿的含量；③测定矿物中特征元素的含量，如十字石和红柱石同属硅铝酸盐，十字石中含铁，只要测定铁的含量，便可计算出两者的含量；④测定矿物与溶剂反应的生成物的含量，如金属铁与过量 $Fe^{3+}$ 反应生成定量的 $Fe^{2+}$，根据 $Fe^{2+}$ 的含量，计算金属铁的含量。化学物相分析也采用一些物理方法，用于矿物和化合物的分相及测定。如根据密度不同，采用重液分离方法；根据磁性不同，采用磁选分离方法等。也可采用电化学方法进行矿物的分离和测定。

（2）物理物相分析

根据元素和化合物的光性、电性等物理性质的不同，研究物相组成和含量的方法，属于物理分析方法。如 X 射线物相分析、热分析法、比重法、磁选法、红外光谱法、光声光谱法和显微镜鉴定等。

① X 射线衍射分析　X 射线衍射（X – Ray Diffraction，XRD）是物相分析的一种常用方法。X 射线衍射以晶体结构为基础，每种结晶物质都有其特定的结构参数，包括点阵类型、晶胞大小、晶胞中原子（离子或分子）的数目及其位置等，而这些参数在 X 射线衍射花样中均有所反映。尽管物质的种类千千万万，但却没有两种物质的衍射花样完全相同。多晶体衍射线条的数目、位置以及强度是物质的独特特征，因而成为了鉴别物相的标志。此外，X 射线衍射还可以分析晶体的结构、晶体取向以及晶体的完整程度、内应力、织构等。

X 射线衍射仪由 X 射线发生器、测角仪、辐射探测器、记录单元和自动控制单元等部分组成，如图 5-7 所示。当单色 X 射线束以 $\theta$ 角入射样品表面时，令样品缓慢转动，并让 X 光探测器以 2 倍于样品运动速度的速率，做与样品旋转轨迹同心的旋转运动。按衍射原理，

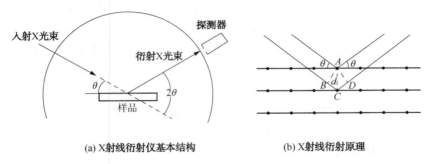

(a) X射线衍射仪基本结构　　　　　　(b) X射线衍射原理

图 5-7　X 射线衍射仪的基本原理

每当入射角 $\theta$ 与样品材料的一组布拉格角重合时，探测器检出的 X 光衍射信号就会出现极大值。这时探测器与入射 X 光束的夹角为 $2\theta$，由此可鉴定产生这些衍射峰值的晶体面间距 $d$。测量衍射强度对 $2\theta$ 的曲线，由这曲线很容易读出衍射峰的峰位、强度和半宽度。根据计算出来的晶格参数来识别晶体或求出新材料的晶格参数，计算结果的精度取决于 $2\theta$ 的测量。X 射线衍射的空间分辨率可达 $5\mu m$，测角仪精度可达 $0.0001°$。

　　X 射线衍射样品需要研磨成粉末，细度应在 $45\mu m$ 左右，然后把样品粉末制成有一个十分平整平面的试片。在制备粉末时不允许样品的组成及其物理化学性质有所变化，确保采样的代表性和样品成分的可靠性。

　　② 热分析技术　热分析(Thermal Analysis，TA)技术是指在程序控温和一定气氛下，测量试样的物理性质随温度或时间变化的一种技术。其定义包含 3 个方面的内容：试样要承受程序温控的作用，即以一定的速率等速升(降)温，该试样物质包括原始试样和在测量过程中因化学变化产生的中间产物和最终产物；选择一种可观测的物理量，它可以是热学的，也可以是其他方面的，如光学、力学、电学及磁学等；观测的物理量随温度而变化。热分析技术主要用于测量和分析试样物质在温度变化过程中的一些物理变化(如晶型转变、相态转变及吸附等)、化学变化(如升华、分解、氧化、聚合、固化、硫化、还原、结晶、熔融、脱水反应等)及其力学特性的变化，通过这些变化的研究可以认识试样物质的内部结构，获得相关的热力学和动力学数据，为材料的进一步研究提供理论依据。目前热分析已发展成为系统性的分析方法，广泛应用于材料、医药、食品、地质、海洋、能源、生物技术、空间技术等领域中。

　　根据被测量物质的物理性质的不同，热分析方法可分为：热重分析法(Thermo Gravimetric Analysis，TG)、差热分析法(Differential Thermal Analysis，DTA)、差示扫描量热法(Differential Scanning Calorimeter，DSC)、热膨胀法(Thermo Dilatometry，TD)、动态热机械分析(Dynamic Thermo Mechanical analysis，DMA)和热机械分析法(Thermo Mechanical analysis，TMA)等。应用最广的是前三种，本书主要介绍这三种分析方法的原理及其特点。

　　差热分析是指在程序控温下，测量试样物质与参比物的温差随温度或时间变化的一种技术。测定 DTA 曲线的差热分析仪主要由加热炉、热电偶、参比物、温差检测器、程序温度控制器、差热放大器、气氛控制器、X-Y 记录仪等组成，其中较关键的部件是加热炉、热电偶和参比物，其结构如图 5-8 所示。在所测温度范围内，参比物不发生任何热效应，而试样却在某温度区间内发生了热效应，如散热效应(氧化反应、爆炸、吸附等)或吸热反应(熔融、蒸发、脱水等)，释放或吸收的热量会使试样的温度高于或低于参比物，从而在试样与参比物之间产生温差，且温差的大小取决于试样产生热效应的大小，由 X-Y 记录仪记录下温差随温度或时间变化的关系即为 DTA 曲线，典型的差热曲线如图 5-9 所示。

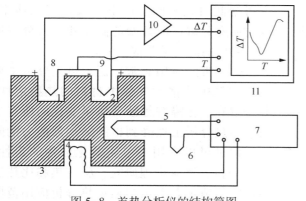

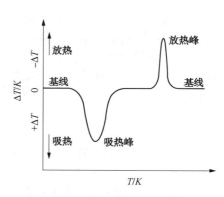

图 5-8　差热分析仪的结构简图

1—参比物；2—样品；3—加热块；4—加热器；5—加热块热电偶；

6—冰冷联结；7—温度程控；8—参比热电偶；9—样品热电偶；

10—放大器；11—x-y 记录仪

图 5-9　典型的差热曲线

差示扫描量热法是在程序控制温度条件下，测量输入给样品与参比物的功率差与温度关系的一种热分析方法。目前有两种差示扫描量热法，即功率补偿式差示扫描量热法和热流式差示扫描量热法。图 5-10 所示为差示扫描量热仪示意图，与差热分析仪比较，差示扫描仪有功率补偿放大器；而样品池（坩埚）与参比物池（坩埚）下装有各自的热敏元件和补偿加热器（丝）。典型的差示扫描量热曲线以热流率为纵坐标、以时间或温度为横坐标，如图 5-11 所示。

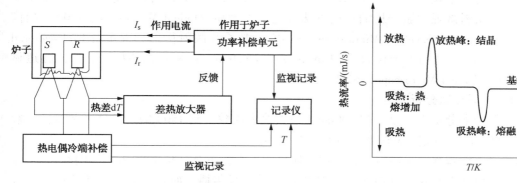

图 5-10　差示扫描量热仪示意图

图 5-11　典型的 DSC 曲线

差示扫描量热法与差热分析法的应用功能有许多相同之处，但由于差示扫描量热法克服了差热分析法以 $\Delta T$ 间接表达物质热效应的缺陷，具有分辨率高、灵敏度高等优点，因而能定量测定多种热力学和动力学参数，且可进行晶体微细结构分析等工作，如测定样品焓变（$\Delta H$）、比热容、纯度、聚合物的熔点、结晶度、玻璃化转变温度固化度等。

热重法是在程序控制温度条件下，测量物质的质量与温度关系的热分析方法，用于热重法的仪器是热天平（热重分析仪）。热重法实验得到的曲线称为热重曲线（TG 曲线），如图 5-12 所示为 $CuSO_4 \cdot 5H_2O$ 的分解过程。

由 TG 曲线可以分析试样物质的热稳定性、热分解温度、热分解产物以及热分解动力学等，获得相关的热力学数据。与此同时，还可根据 TG 曲线获得质量变化的速率与温度或时间的关系即微商热重曲线 DTG，微商热重曲线可使 TG 曲线的质量变化阶段更加明晰显著，

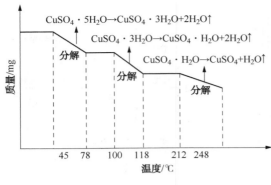

$CuSO_4 \cdot 5H_2O \rightarrow CuSO_4 \cdot 3H_2O + 2H_2O\uparrow$

$CuSO_4 \cdot 3H_2O \rightarrow CuSO_4 \cdot H_2O + 2H_2O\uparrow$

$CuSO_4 \cdot H_2O \rightarrow CuSO_4 + H_2O\uparrow$

图 5-12　热重曲线

并可据此研究不同温度下的质量变化速率，这对研究分解反应开始的温度和最大分解速率所对应的温度是非常有用的。

热分析的应用非常广泛，热重分析主要用于空气中或惰性气体中材料的热稳定性、热分解和氧化降解等涉及质量变化的所有过程。差热分析虽然受到检测热现象能力的限制，但是可以应用于单质及化合物的定性、定量分析、反应机理研究、反应热和比热容的测定等方面。差示扫描量热分析应用范围最为广泛，特别是在材料研发、性能检测与质量控制等方面有着独特的作用，利用 DSC 可以测量物质的热稳定性、氧化稳定性、结晶度、反应动力学、熔融热熔、结晶温度及纯度、凝胶速率、沸点、熔点和比热等，也广泛应用于非晶材料的研究。

## 5.2　材料的组织形貌与结构分析方法

材料的组织与结构是决定材料性能的根本因素，因此分析金相组织时，一般先进行宏观分析，再进行有针对性的显微金相分析。宏观组织一般是利用肉眼或在低倍放大镜（10～15倍以下）下可以观察到的构造。宏观分析包括低倍分析和断口分析。低倍分析可以了解柱状晶生长变化形态、宏观偏析、气泡和疏松等。断口分析可以了解缺陷的形态、产生的部位和扩展的情况。材料微观形貌分析的常用方法有光学显微镜（Optical Microscope，OM）、扫描电子显微镜（Scanning Electron Microscope，SEM）、电子背散射衍射（Electron backscattered diffraction，EBSD）、透射电子显微镜（Transmission electron microscope，TEM）、扫描隧道显微镜（Scanning Tunnel Microscope，STM）等。

### 5.2.1　光学显微分析

光学显微镜的分辨率可以达到200nm，最大放大倍数可到1500倍，可分级调节，一般有50倍、100倍、200倍、500倍、1000倍等级别。

光学显微镜所观察的显微组织，往往几何尺寸很小，小至可与光波的波长相比较。一方面，根据光的电磁波理论，此时不能把光线看成是直线传播，而要考虑衍射效应；另一方面，显微镜中的光线总是部分相干的，因此显微镜的成像过程是个衍射相干过程。阿贝成像原理认为物是一系列不同空间频率的集合，入射光经物平面发生夫琅和费衍射，在透镜焦面（频谱面）上形成一系列衍射光斑，各衍射光斑发出的球面次波在相面上相干叠加形成像，如图5-13所示。物平面包含从低频到高频的信息，而透镜口径限制了高频信息通过，因此，丢失了高频信息的光束再合成图象的细节变模糊。透镜孔径越大，丢失的信息越少，图象越清晰。由于衍射等因素的影响，显微镜的分辨能力和放大能力都受到一定限制。

试样表面通常用磨光和抛光的方法处理，以得到一个光亮的镜面。该表面必须能完全代表取样前所具有的状态，不能在制样过程中使表层发生任何组织变化。然后用试剂对试样表面进行腐蚀，使试样表面有选择性地溶解掉某些部分（如晶界），形成微小的凸凹不平，从而使成像呈现出深浅不同的花样。用显微镜观察试样组织的形貌、大小和分布特征，如图5-14所示。

122

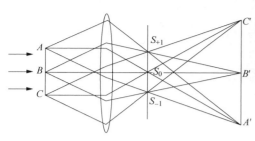

图 5-13　光学显微镜的成像原理

(a) 10号钢

(b) 20号钢

图 5-14　光学显微镜图像

### 5.2.2　扫描电子显微分析

扫描电子显微镜的景深大，分辨率高，可以达到 1nm，放大倍数可在 10～100000 倍范围内连续可调。

扫描电子显微镜的原理如图 5-15 所示。由热阴极电子枪发射出的电子在电场作用下加速，经过 2～3 个电磁透镜的作用，在样品表面聚焦成为极细的电子束（最小直径为 1～10nm）。该电子束在双偏转线圈作用下，在样品表面进行扫描。被加速的电子束与样品相互作用，激发样品产生出各种物理信号，其强度随样品表面特征而变。样品表面不同的特征信号，被电子收集器、光电放大器及视频放大器收集并处理，并转换为视频信号，从而在 CRT 荧光屏上获得能反映样品表面特征的扫描图像。

在微观组织分析中，块体样品制备过程与金相样品基本相同。粉末及薄膜类样品，必须用导电胶粘贴在铜或铝制的样品座上。导电性较差或绝缘的样品粘贴或固定到基材上后，必须对其进行喷镀导电层的预处理。通常采用二次电子发射系数比较高的金、银或碳真空蒸发膜做导电层，膜厚控制在几十纳米左右。

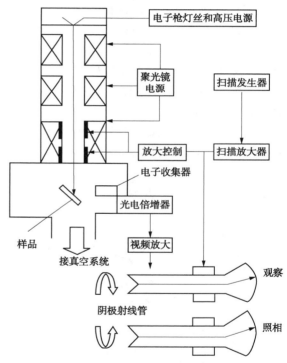

图 5-15　扫描电子显微镜的原理

在断口形貌分析中，若试样断口表面比较清洁，可以直接放到仪器中进行观察；那些在高温或腐蚀性介质中断裂的断口往往被一层氧化物或腐蚀产物所覆盖，该覆盖层对构件断裂原因的分析是有价值的。如果它们是在断裂之后形成的，则对断口真实形貌的显示不利，甚至还会引起假象，可用适当的试剂或超声清洗等方法进行彻底清洗。图 5-16 为采用 SEM 观测某材料的显微组织及疲劳试验后疲劳断口形貌。

在腐蚀产物形貌及成分分析中，试样可直接放到仪器中进行观察，若要观察基体被腐蚀后的形貌时，则需要将腐蚀产物去掉后观察。

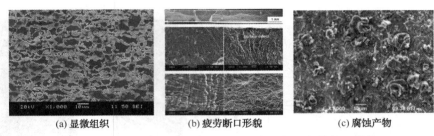

| (a) 显微组织 | (b) 疲劳断口形貌 | (c) 腐蚀产物 |

图 5-16　采用 SEM 观测某材料的显微组织及疲劳断口形貌

### 5.2.3　电子背散射衍射显微分析

电子背散射衍射（Electron Backscattered Diffraction，EBSD）也称取向成像显微技术（Orientation Imaging Microscopy，OIM），是基于扫描电子显微镜的新技术。可分析晶粒、亚晶粒或相的形态、尺寸及分布，并对织构进行分析，同时可进行物相鉴定及相含量测定，还可根据菊池线的质量进行应变分析等。其空间分辨率可达 1nm，角分辨率达 0.5°，已成为研究材料形变、回复和再结晶过程的有效分析手段。

背散射电子衍射仪分析系统的基本组成如图 5-17 所示。EBSD 探测器从扫描电子显微镜样品室的侧面与电子显微镜相连。探头表面周围还常安装一组前置背散射电子探测晶片，专门用于 EBSD 分析时形貌的观察。

EBSD 的样品制备过程需要进行高标准的切割、机械抛光、化学抛光、电解抛光、超声清洗或离子轰击等，样品表面要"新鲜"、无应力、清洁、平整，具有良好的导电性。不导电的材料还需进行喷金、喷碳处理或使用导电胶带。图 5-18 为采用 EBSD 观测的 Ti-Nb-Zr-Mo-Sn 合金的反极图。

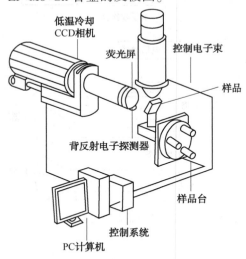

图 5-17　背散射电子衍射仪的基本组成

图 5-18　采用 EBSD 观测 Ti-Nb-Zr-Mo-Sn 合金的反极图

### 5.2.4　透射电子显微分析

透射电子显微镜的工作原理与光学显微镜一样，如图 5-19 所示，仍然是阿贝成像原理，即平行入射波受到有周期性特征物体的散射作用在物镜的后焦面上形成衍射谱，各级衍射波通过干涉重新在像平面上形成反映物的特征像。由于电子的波长非常短，透射电子显微镜的分辨率比光学显微镜高很多，可以达到 0.1～0.2nm，放大倍数可达几万到百万倍。

一般的晶体晶面间距与原子直径在一个数量级，即为十分之几纳米，透射电镜的电子束波长很短，完全能满足晶体衍射的要求，如 200kV 加速电压下电子束波长为 0.0251nm。因此，在电磁透镜的后焦面上可以获得晶体的衍射谱，故透射电镜可以做物相分析；同时，在物镜的像面上形成反映样品特征的形貌像，故透射电镜可以做组织分析。

在透射电镜显微分析中，试样制备是极为重要的。由于电子束的穿透能力比较低，用于透射电镜分析的样品必须很薄，除粉末外，试样都要制成薄膜，一般用于透射电镜观察的试样薄区的厚度在 50~500nm 之间。除少数用物理气相沉积（PVD）或化学气相沉积（CVD）等方法直接制备成薄膜外，大多数材料是块体材料，这些材料需通过一系列减薄手段制备出电子束能够透过的薄膜。目前较普遍采用的金属薄膜制备过程大体是：线切割—机械研磨（或化学抛光）—化学抛光—电解抛光。图 5-20 为采用 TEM 观察 21Cr-10Ni-3Mo 双相不锈钢的奥氏体亚晶结构。

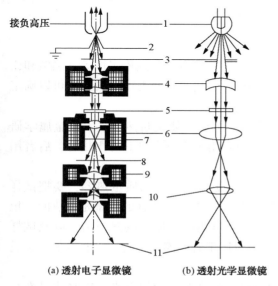

图 5-19　背散射电子衍射仪分析系统

1—照明源；2—阳极；3—光阑；4—聚光镜；
5—样品；6—物镜；7—物镜光阑；8—选区光阑；
9—中间镜；10—投影镜；11—荧光屏或底片

图 5-20　采用 TEM 观察 21Cr-10Ni-3Mo
双相不锈钢的奥氏体亚晶结构

# 5.3　材料性能分析方法

### 5.3.1　常用物理性能分析方法

（1）材料的声学性能分析

描述材料声学性能的主要参量是材料的声速、特性声阻抗率和声衰减。由于特性声阻抗率是材料声速与密度的乘积，所以可以直接测量的声参量是声速和声衰减。通过测量声速，可以直接反映材料的弹性常数。通过声速和衰减的测量，可以了解材料的显微结构和形态（如晶粒尺寸和分布）和弥散的不连续性（如显微疏松和显微裂纹）。

声速是材料最重要的声学参量，它可以通过测量声波的传播距离 $l$ 以及所需的过渡时间 $t$（声时）来精确测量。作为基础的物理实验，声速的测试方法有很多种，按其原理大致可分为共振干涉法（驻波法）、相位比较法（行波法）和脉冲回波法等。脉冲回波法是脉冲法中测量声速最简单的方法。由于脉冲法有测量迅速、装置简单、容易实现连续自动测量、适用范围广而得到广泛应用。其原理是在示波器上得到 $t_0$ 时刻的发射脉冲信号，以及在试样内多次反射的脉冲信号 $p_1$、$p_2$…，每个脉冲信号的传播距离为 $2L$；由实测试样的长度 $L$，以及两相邻反射声脉冲到达的时间 $t_1$ 和 $t_2$ 就可以确定材料沿声传播方向的声速，如图 5-21 所示。

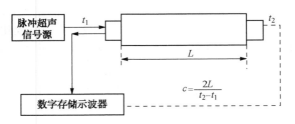

图 5-21　脉冲回波法测声速示意图

（2）材料的热学性能

材料的热学性能包括热容、热膨胀、热传导、热辐射、热电势和热稳定性等。热熔和比热容的测量及热分析法是研究材料相变过程的重要手段。分析热熔与温度的关系，可以确定金属及合金的临界点，建立合金状态图以及研究相变过程等。

① 热容与相变潜热的测量　物理学中测定比热容的方法主要是量热计法。在金属学研究中又发展了撒克司（Sykes）法和史密斯（Smith）法，前者用于测量高温下的比热容，后者用于测量比热容和转变潜热。

确定质量热容的经典方法是量热计法。为了确定温度 $T$ 时金属的质量热容，要把试样加热到该温度，经保温后，放入装有水或其他液体的量热计中。量热计的外壁是绝热的。根据试样的温度 $T$ 和量热计最终的温度 $T_1$，由试样转移到量热计介质中的热量 $Q$，以及试样的质量 $m$，可求出质量热容 $c_p$。这种方法曾经有效地应用于研究淬火钢的回火及冷加工金属的再结晶过程。

② 热膨胀测量　由于理论研究和低温工程的需要，近半个多世纪以来，膨胀测量在高灵敏度（$\Delta l/l$ 高达 $10^{-12}$）、高精度方面发展很快。工业上膨胀测量则向自动化和快速反应方向发展。测量膨胀所用的仪器称为膨胀仪。膨胀仪通过测量物体随温度变化引起的长度变化（延伸或收缩）得到物体的膨胀系数，这是物质的一个重要参数，可用它研究材料相的转变、烧结过程、晶体结构变化、聚合物分解等。膨胀仪种类繁多，按其测量原理可以分为机械放大、光学放大和电磁放大三种类型。以下简要介绍光学膨胀仪。

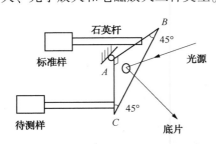

图 5-22　光杠杆式膨胀仪结构示意图

光学膨胀仪应用广泛且精度高。它利用光学杠杆放大试样的膨胀量，同时用标准样品的伸长标定试样的温度，又通过照相方法自动记录膨胀曲线。光学膨胀仪一般为卧式，按光学杠杆机构安装方式，可分为普通光学膨胀仪和示差光学膨胀仪。光学膨胀仪的结构示意图如图 5-22 所示。其核心是装有凹面反光镜的三角光学杠杆机构。三角杠杆机构的两端 $B$ 和 $C$ 分别与标准试样及待测试样的传感石英杆相连，三角杠杆机构的顶点 $A$ 为固定支点。标准试样的位置靠近待测试样，它的作用是指示和跟踪待测试样的温度。若待测试样的长度不变，只有标准试样的长度受热伸长，则三角架以 $AC$ 为轴转动。由此通过凹面反光镜反射到底片上的光点沿水平方向移动，用以记录试样温度的变化。若标准试样的长度不变，仅待测试样加热伸长，三脚架以 AB 为轴转动，反射光点沿垂直方向向上移动，记录试样的热膨胀量。若待测试样和标准试样同时受热膨胀，反射光点便在底片上照出如图 5-23 所示的膨胀曲线，通过光杠杆可将试样的膨胀量放大数百倍，适用于精密测量材料的膨胀系数。从图 5-23 可看出，膨胀曲线能够反映出材料的热胀冷缩、相变、析出相等过程的特征，并能够给出成分的影响规律。

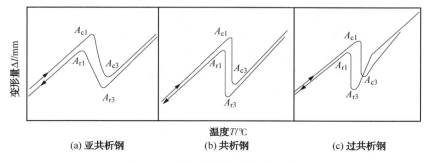

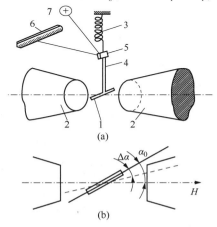

图 5-23　碳钢的热膨胀曲线示意图

③ 热导率的测量　热导率是重要的物理参数，在宇航、原子能、建筑材料等工业部门都要求对有关材料的热导率进行预测和实际测定。材料热导率的测量方法很多，对不同温度范围、不同热导率范围以及不同的要求精度，需要采用不同的测量方法，很难找到一种对各种材料和各个温区都适用的方法。而往往要根据材料导热率的范围、所需的精确度、要求的测量周期等因素确定试样的几何形状和测量方法。

热导率的测量方法可分为两大类：稳态法和非稳态法。稳态测试常用的方法是驻流法。该方法要求在整个试验过程中，试样各点的温度保持不变，以使流过试样横截面的热量相等，然后利用测出的试样温度梯度 $\mathrm{d}T/\mathrm{d}x$ 及热流量，计算出材料的热导率。

（3）材料磁性能的测量

铁磁材料的磁性包括直流磁性和交流磁性，前者为测量直流磁场下得到的基本磁化曲线、磁滞回线以及由这两类曲线所定义的各种磁参数，如饱和磁化强度 $M_s$、剩磁 $M_r$ 或 $B_r$、矫顽力 $H_c$、磁导率 $\mu_i$ 和 $\mu_m$ 以及最大磁能积 $(BH)_{max}$ 等，属于静态磁特性；后者主要是测量软磁材料在交变磁场中的性能，即在不同工作磁通密度 $B$ 下，从低频到高频的磁导率和损耗，属于动态磁特性。

静态磁性能常用的测量方法有冲击法、热磁仪法、磁天平法、应变电阻法等。下面简要介绍磁转矩仪（热磁仪）测量法。磁转矩法是通过测量试样在均匀磁场中所受到的力矩来确定材料的饱和磁化强度 $M_s$。仪器的中心部分结构如图 5-24 所示。试样 1 位于两磁极 2 间的均匀磁场 $H$ 中，固定在杆 4 的下端，在杆 4 的上端装有反光镜 5，并通过一个弹簧 3 固接在仪器的支架上。在仪器的一侧设置一个光源 7，它所发出的光束对准镜子射在标尺 6 上。测试时，将试样吊在磁场中，与两磁头轴线（磁场的方向）成夹角 $\alpha_0$，如图 5-24（b）所示。在磁

图 5-24　磁转矩仪（热磁仪）结构原理
1—试样；2—磁极；3—弹簧；4—固定杆；
5—反射镜；6—标尺；7—光源

127

场 $H$ 作用下试样将发生偏转，通过偏转角 $\Delta\alpha$ 可以计算磁化强度。用此方法测定 $M$ 绝对值有一定困难，但用此法测定磁化强度 $M$ 的动态变化却很方便。由于奥氏体分解产物珠光体、贝氏体、马氏体都是铁磁相，饱和磁化强度和转变产物的数量成正比，因此该方法可用于测定钢的等温分解动力学 C 曲线，还可以测定淬火钢的回火转变等。

材料动态磁特性的测量方法有伏–安测量法、电桥法、示波器法等。以示波器法为例进行简要介绍。用示波器可以在较宽的频率范围内，直接观察铁磁试样的磁滞回线。在灵敏度已知条件下，可根据磁滞回线确定材料的有关磁参数。示波器既适用于闭路试样，也适用于开路试样，所测定的基本磁化曲线和磁滞回线的误差约为 7%～10%，其线路原理如图 5–25 所示。环状试样的磁化电流在 $R_s$ 上的电压经放大器 $A_x$ 放大后送至示波器 $x$ 轴，因而电子束在 $x$ 方向上的偏转正比于磁场强度。为了减小磁化电流波形畸变对测量的影响，$R_s$ 应选择较小的数值。环状试样次级感应电动势经 $RC$ 积分电路积分，再经过放大器 $A_y$ 放大，接入示波器 $y$ 轴，因而电子束在 $y$ 方向上的偏转正比于磁感应强度。于是，在示波器上可观察到动态磁滞回线，并据此求得磁性参量 $H_c$、$B_r$ 和 $B_s$，还可计算得到交流磁化损耗。

（4）电性能的测量

① 导电性的测量　材料导电性的测量实际上就是测量试样的电阻，因为根据试样的几何尺寸和电阻值就可以计算出它的电阻率，电阻的测量方法很多，应根据试样阻值大小、精度要求和具体条件选择不同的方法。如果精度要求不高，常用兆欧表、万用表、数字式欧姆表及伏安法等测量，而对于精度要求比较高或阻值在 $10^{-6}$～$10^2\,\Omega$ 的材料测量时，必须采用更精密的测量方法，如双臂电桥法、直流电势差计测量法、直流四探针法等。

双电桥法是目前测量金属电阻应用最广泛的一种方法。其测量原理如图 5–26 所示。由图可见，待测电阻 $R_x$ 和标准电阻 $R_n$ 相互串联，并串联在有恒直流源的回路中。由可变电阻 $R_1$、$R_2$、$R'_1$、$R'_2$ 组成的电桥臂线路与 $R_x$、$R_n$ 并联。

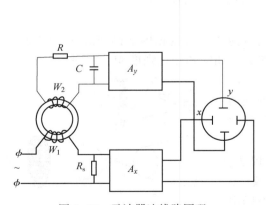

图 5–25　示波器法线路原理

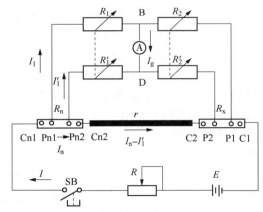

图 5–26　双臂电桥法原理图

待测电阻 $R_x$ 的测量，归结为调节可变电阻 $R_1$、$R_2$、$R'_1$、$R'_2$ 使 $B$ 与 $D$ 点电位相等，此时电桥达到平衡，检流计 A 指示为零。然后在根据公式计算出待测电阻 $R_x$。

为了满足上述条件，在双臂电桥结构设计上通常被做成同轴可调旋转式电阻，使 $R_1 = R'_1$ 构成测量臂，$R_2 = R'_2$ 构成比例臂。为了使串联在 $R_1$、$R_2$、$R'_1$ 和 $R'_2$ 各电阻上的接线和接触电阻都可忽略不计，电桥各臂上的电阻 $R_1$、$R_2$、$R'_1$、$R'_2$ 应不小于 $10\Omega$，为使 $r$ 值尽可能小，连接 $R_x$ 和 $R_n$ 的铜导线应尽可能短且粗。

② 介电性能的测量　根据电介质使用的目的不同，其主要测量的参数是不一样的。对于电介质一般总要测量其介电常数($\varepsilon$)、介电损耗($\tan\delta$)、介电强度($E_b$)。这些测量信息有助于理解分析材料组织结构和材料极化的机制，也可用于评价防腐涂层的性质。

介电常数和损耗是表征电介质性能非常重要的物理量，其测试方法多种多样，常用的有电桥法、谐振法、传输线法等。图 5-27（a）为介电常数和损耗测量原理图，即西林电桥，根据电桥的平衡原理、空气的介电常数、试样的厚度、试样作为电容的面积、电桥中元件的参数，可计算出试样的介电常数及介电损耗。该方法适用于高压下介电参数的测量，低压介电参数的测量可采用电容比例臂电桥等方法。图 5-27（b）为介电强度的测试原理图，试样的击穿电压可直接通过静电电压表、电压互感器、放电球隙仪读出，然后根据试样厚度计算介电强度。

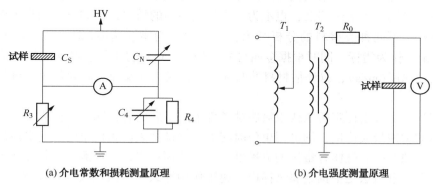

(a) 介电常数和损耗测量原理　　　　(b) 介电强度测量原理

图 5-27　介电性能测试原理

③ 压电性的测量　压电性测量方法可以有电测法、声测法、力测法和光测法，其中主要方法为电测法。电测法中按样品的状态分动态法、静态法和准静态法。动态法是用交流信号激发样品，使之处于特定的振动模式，然后测定谐振及反谐振特征频率，并采用适当的计算便可获得压电参量的数值。

### 5.3.2　常用化学性能分析方法

金属材料在某一环境介质条件下承受或抵抗腐蚀的能力，称为金属的耐蚀性。根据腐蚀破坏形式的不同，对金属腐蚀程度的大小有各种不同的评定方法。对于全面腐蚀来说，通常用平均腐蚀速率来衡量。腐蚀速率可用失重法（或增重法）、深度法、气体容量法、电阻法和电流密度法来表示。

金属材料的化学性能指其抵抗介质化学侵蚀的性能，一般指金属的耐腐蚀性能及抗氧化性能。金属材料在某一环境介质条件下承受或抵抗腐蚀的能力，称为金属的耐蚀性。所谓抗氧化性，是指金属材料在高温时抵抗氧化性气氛腐蚀作用的能力。金属的耐腐蚀、抗氧化性能决定了其在工作环境下是否会发生严重的腐蚀及氧化，从而导致工程结构的失效。因此，如何评价在工况环境下，材料表面腐蚀的形态、腐蚀的速度就显得非常具有现实的工程意义。

根据腐蚀与氧化破坏形式的不同，对金属腐蚀与氧化程度有各种不同的评定方法。对于均匀腐蚀及氧化，GB/T 13303—1991 规定可采用减重法及增重法评价钢在高温气体介质中的抗氧化性能，而 GB/T 21621—2008 规定了危险液态物质作用下金属的腐蚀性能评价方法。概括起来，工程结构用钢的耐腐蚀、抗氧化性能的评价方法可以分为三大类：重量法（GB/T 13303、GB/T 21621）、表面观察法（GB/T 21621）和电化学测试法（GB/T 24196—2009）、气体容量法、电阻法、电流密度法。

重量法是材料耐蚀能力分析方法中最基本、最有效、最可信的定量评价方法。尽管重量法无法研究材料腐蚀机理，但是通过测量材料在腐蚀前后重量的变化，可以较为准确、可信的表征材料的耐蚀性能。该方法一直广泛用于腐蚀研究中，是采用电化学、物理、化学等现代分析手段进行评价的基础。

重量法分为增重法和失重法两种，都以试样腐蚀前后的质量差来表征腐蚀速度。前者是在腐蚀试验后连同全部腐蚀产物一起称重试样，后者则是清除全部腐蚀产物后称重。当腐蚀产物疏松、容易脱落，且易于清除时，一般采用失重法进行评价，如采用盐雾试验评价不同镁合金的耐蚀性能时，通常采用失重法。增重法则适用于全面腐蚀或表面腐蚀产物牢固地附着试样表面，又几乎不溶于溶液，也不为外部物质污染的情况，例如材料的高温腐蚀。为了比较不同试样、不同种类材料的分析结果，可采用平均腐蚀速度（即单位面积上的质量变化，$g \cdot m^{-2} h^{-1}$）作为指标。同时根据金属材料的密度，可以将平均腐蚀速度换算成单位时间内的平均腐蚀深度（m/a），以评估材料的腐蚀深度，或构件腐蚀变薄的程度对材料部件使用寿命的影响。

气体容量法适合于评定析氢或吸氧腐蚀条件下的金属的腐蚀速度，如果氢气析出量或耗氧量与金属的腐蚀量成比例，则可用单位时间内单位试样表面积析出的氢气量或所消耗的氧气量来评价腐蚀速率。气体容量法的灵敏度比重量法高得多，且可测定材料在腐蚀过程中的瞬间腐蚀速率。电阻法是根据金属试样由于腐蚀作用导致横截面积减少，致使电阻增大的原理，通过测量腐蚀过程中电阻的变化量，从而求出金属的腐蚀量和腐蚀速率。电流密度法是根据金属的腐蚀速率与腐蚀电流密度成正比这一基本原理，通过测定腐蚀电流密度 $i_{corr}$，来求得金属的电化学腐蚀速率。

表面观察法分为宏观观察法及微观观察法。宏观观察的主要目的是分析腐蚀产物的形态、分布、、厚度、颜色、致密度和附着性，同时还应注意腐蚀介质的颜色的变化，以及腐蚀产物在溶液中的形态、颜色、类型和数量等。微观观察室对试样进行金相检查或断口分析，或者用扫描电镜、透射电镜、电子探针等，做微观组织结构和相成分的分析，据此可研究细微的腐蚀特征和腐蚀动力学。

电化学测试方法能够快速、准确地研究材料的腐蚀速度，还能够深入地研究材料的腐蚀机理。按外加信号分类大致可以将电化学测试方法分为直流测试和交流测试；按体系状态分类可以分为稳态测试和暂态测试。直流测试包括动电位极化曲线、线性极化法、循环极化法、循环伏安法、恒电流/恒电位法等；而交流测试则包括阻抗测试和电容测试。对于稳态测试方法，通常包括动电位极化曲线、线性极化法、循环极化法、循环伏安法、电化学阻抗谱；而暂态测试包括恒电流/恒电位法、电流阶跃/电位阶跃法和电化学噪声法。在诸多的电化学测试方法中，动电位极化曲线法和循环极化法是最基本，也是最常用的方法。

三电极（工作电极、参比电极、辅助电极）系统及电化学工作站接线回路如图 5-28 所示。工作电极、参比电极和辅助电极与电化学工作站直接相连，电化学工作站测试软件系统直接记录通过工作电极的电流及电极电位。电化学工作站是通过软件控制的，在软件中输入相应的测试参数，如起始扫描电位、扫描速率、工作电极面积、参比电极类型等信息后，测试工作在微机控制下自动完成。图 5-29 为通过该系统获得的一种低合金结构钢熔敷金属的极化曲线，能够提供腐蚀机理、腐蚀速率及腐蚀敏感性等信息，是解释金属腐蚀的基本规律、揭示金属腐蚀机理和探讨控制腐蚀途径的基本方法之一，广泛用于实验室腐蚀试验中。

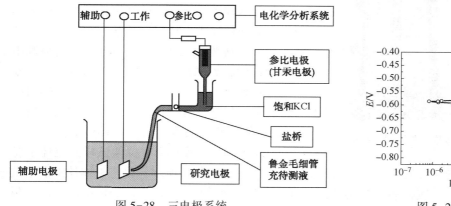

图 5-28　三电极系统

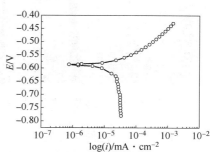

图 5-29　极化曲线

局部腐蚀包括晶间腐蚀试验（GB/T 32571—2016）、点蚀试验（GB/T 18590—2001）、应力腐蚀试验（GB/T 15970 系列标准）、电偶腐蚀（GB/T 15748-2013）试验等。这里以晶间腐蚀试验为例进行简要介绍。晶间腐蚀试验方法大致可以分为化学试验方法、电化学试验方法以及物理试验方法三大类。化学试验方法很多，如草酸电解浸蚀试验、沸腾硝酸试验、硫酸-硫酸铁试验、酸性硫酸铜试验、硝酸-氢氟酸试验等。下面将重点讨论草酸电解浸蚀试验。

试样的尺寸通常是 25.4mm×25.4mm。在大型工件上切取试样时，不但要保证它的代表性，还应具有合理的尺寸。如焊接头试样，应包含有母材、热影响区和焊接金属的表面。试验所使用的仪器包括：可提供 15V·A或 20V·A 直流电的电池或整流器、0~30A 量程的电流表、可变电阻器；阴极可以采用容积为 10~15mL 的不锈钢杯或有充分表面积的奥氏体不锈钢片，阳极为浸蚀的试样；可供观察金相组织用的 150~500 倍金相显微镜。电解浸蚀试验的装置线路如图 5-30 所示。

10% 草酸试验溶液是称取 100g 草酸溶于 900mL 蒸馏水或去离子水中，搅拌至所有晶体全部溶解为止。浸蚀的电流密度为 $1A/cm^2$。试验溶液的温度应逐步升高，并

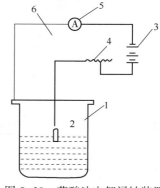

图 5-30　草酸法电解浸蚀装置
1—不锈钢容器；2—试样；3—直流电源；
4—变阻器；5—电流表；6—开关

保持在 20~50℃。加热的速度决定于通过浸蚀池的总电流。因此，在满足浸蚀所需暴露面积的情况下，浸蚀面积应尽量保持最小。温度过高时，可以用自来水冷却浸蚀池。为了避免干燥时草酸在试样表面上结晶，浸蚀后，试样应马上在热水和丙酮（或酒精）中彻底进行清洗，烘干后在金相显微镜下检查。

### 5.3.3　常用力学性能分析方法

材料的力学性能表征的是材料在不同形式的外力作用下，或者在外力、温度、环境等因素的共同作用下，发生损伤、变形和断裂的过程、机制和力学模型等。力学性能指标如抗拉强度、抗压强度、疲劳强度、塑性、硬度、冲击韧度和断裂韧性等，可分别采用拉伸、压缩、疲劳、硬度和冲击等试验进行测定。

（1）强度和塑性分析

① 拉伸试验　单向静拉伸试验是工业上应用最广泛的金属力学性能试验方法之一，试

图 5-31 拉伸试验的装置及拉伸试验机

验温度、应力状态和加载速率可根据需要调节，常用标准光滑圆柱试样进行试验。通过拉伸试验可以揭示金属材料在静载荷作用下材料的力学行为，即弹性变形、塑性变形和断裂；还可以标定出金属材料最基本的力学性能指标，如屈服强度 $R_t$、抗拉强度 $R_m$、断后伸长率 $A$ 和断面收缩率 $Z$。测试实验应根据 GB/T 228—2010《金属材料室温拉伸试验方法》的规定进行。图 5-31 为拉伸试验的装置。进行拉伸试验前，将金属材料制成图 5-32 所示的标准拉伸试样。拉伸试验时，首先将标准拉伸试样安装在拉伸试验机的两个夹头上，如图所示，再将引伸计固定在试样上，然后在试样两端缓慢施加拉力 $F$，试样在不断增加的拉力作用下逐渐发生变形、颈缩，直至被拉断。拉伸试验过程中，试验机将自动记录每一瞬间试样所受拉力 $F$ 和伸长量 $\Delta L$，绘出拉伸曲线，如图 5-33 所示的某种材料的拉伸曲线，然后根据第二章的公式计算出屈服强度、拉伸强度、断面收缩率和伸长率。

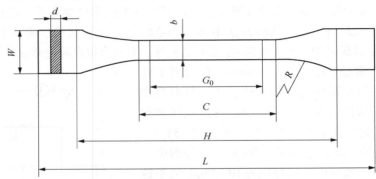

| 符号 | 名称 | 尺寸/mm | 公差 | 符号 | 名称 | 尺寸/mm | 公差 |
|---|---|---|---|---|---|---|---|
| $L$ | 总长(最小) | 150 | — | $W$ | 端部宽度 | 20 | ±0.2 |
| $H$ | 夹具间距离 | 115 | ±5.0 | $d$ | 厚度 | | |
| $C$ | 中间平行部分长度 | 60 | ±0.5 | $b$ | 中间平行部分宽度 | 10 | ±0.2 |
| $G_0$ | 标距(或有效部分) | 50 | ±0.5 | $R$ | 半径(最小) | 60 | |

图 5-32 圆柱形拉伸试样

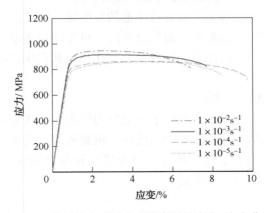

图 5-33 某材料在不同应变速率下的应力-应变曲线

② 压缩试验　单向压缩试验主要用于脆性材料力学性能的测定。脆性材料在拉伸时产生垂直于载荷轴线的正断，塑性变形量几乎为零；而在压缩时除能产生一定的塑性变形外，常沿与轴线呈 45°方向产生断裂，具有切断特征。通过压缩试验主要测定脆性材料的抗压强度 $R_{mc}$，如果在试验时金属材料产生明显屈服现象，还可测定压缩屈服点 $R_{tc}$。

压缩试验在万能材料试验机上进行，实验过程依据 GB/T 7314—2005《金属材料室温压缩试验方法》进行。压缩试验通常测出的是压力和变形即压缩量的关系，常用压缩试验的试样为圆柱体，为防止压缩时试件失稳，试件的高度和直径之比应控制在 1.5~2 范围。

③ 疲劳试验　疲劳力学性能指标如疲劳强度、抗过载能力及疲劳缺口敏感度等采用疲劳试验等进行测定。疲劳曲线是疲劳应力与疲劳寿命的关系曲线，即 $S$-$N$ 曲线，它是确定疲劳强度的基础。通常疲劳曲线是用旋转弯曲疲劳试验测定的，其四点弯曲试验机原理如图 5-34 所示，实验过程依据 GB/T 4337—2008《金属材料疲劳试验旋转弯曲方法》。典型的金属材料疲劳曲线如图 5-35 所示。图中纵坐标为循环应力的最大应力 $\sigma_{max}$ 或应力幅 $\sigma_a$；横坐标为断裂循环周次 $N$，常用对数值表示。对于一般具有应变时效的金属材料，如碳钢、合金结构钢、球铁等，当应力循环 $10^7$ 周次不断裂，则可认定承受无限次应力循环也不会断裂，所以常用 $10^7$ 周次作为测定疲劳极限的基数。另一类金属材料，如铝合金、不锈钢和高强度钢等，它们的 $S$-$N$ 曲线没有水平部分，只是随应力降低，循环周次不断增大。此时，只能根据材料的使用要求规定某一循环周次下不发生断裂的应力作为条件疲劳极限（或称有限寿命疲劳极限），如高强度钢规定为 $N=10^8$ 周次；铝合金和不锈钢也是 $N=10^8$ 周次；而钛合金则取 $N=10^7$ 周次。

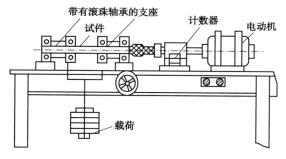

图 5-34　四点弯曲试验机原理

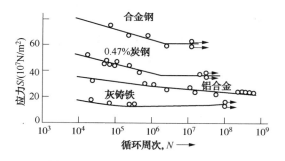

图 5-35　典型的金属材料疲劳曲线

（2）韧性分析

① 冲击试验　冲击试验是研究材料对于动荷抗力的一种试验，和静载荷作用不同，由于加载速度快，材料内的应力骤然提高，变形速度影响了材料的结构性质，所以材料对动载荷作用表现出不同于静载反应。在静荷下具有很好塑性性能的材料，在冲击载荷下会呈现出脆性的性质。此外金属材料的冲击试验，还可以揭示静载荷时，不易发现的某些结构特点和工作条件对力学性能的影响（如应力集中，材料内部缺陷，化学成分及加载时温度，受力状态以及热处理情况等），因此它在工艺分析比较和科学研究中都具有重要的意义。

标准冲击试样为 U 形缺口或 V 形缺口试样，分别称为夏比（Charpy）U 形缺口试样和夏比 V 形缺口试样，如图 5-36 所示。用不同缺口试样测得的冲击吸收功分别记为 $K_U$ 和 $K_V$。冲击试验是在摆锤式冲击试验机上进行的。缺口试样冲击试验原理如图 5-37 所示。将试样水平放在试验机支座上，缺口位于冲击相背方向。然后将具有一定质量 $m$ 的摆锤

133

举至一定高度 $H_1$，使其获得一定位能 $mgH_1$。释放摆锤冲断试样，摆锤的剩余能量为 $mgH_2$，则摆锤冲断试样失去的位能为 $mgH_1-mgH_2$，即为试样变形和断裂所消耗的功。根据系列冲击试验(低温冲击试验)可得冲击吸收功与温度的关系曲线，从而获得材料的韧脆转变温度。

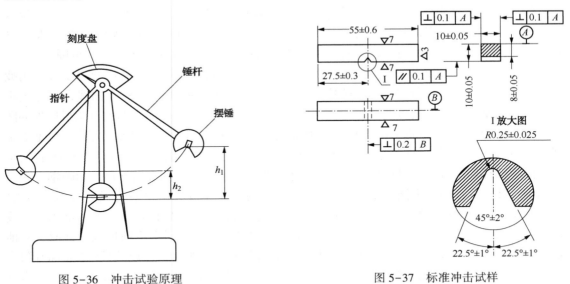

图 5-36　冲击试验原理　　　　　　　图 5-37　标准冲击试样

② 断裂韧性试验　GB/T 21143—2014 中规定了断裂韧度、裂纹尖端张开位移、J 积分和阻力曲线的试验方法。测定断裂韧度 $K_{IC}$ 可采用三种试样：标准三点弯曲试样、紧凑拉伸试样、C 形拉伸试样和圆形紧凑拉伸试样。常用的三点弯曲试样如图 5-38 所示，其中 $W$ 为试样宽度。三点弯曲试样较为简单，故使用较多。

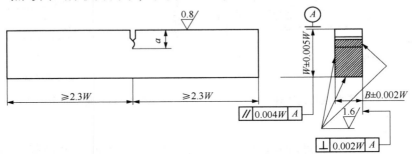

图 5-38　三点弯曲试样

三点弯曲试样的试验装置如图 5-39 所示。在试验机压头上装有载荷传感器 3，以测量载荷 $P$ 的大小。在试样缺口两侧跨接夹式引伸仪 1，以测量裂纹嘴张开位移 $V$。载荷信号及裂纹嘴张开位移信号经动态应变仪 4 放大后，传到 $X$-$Y$ 函数记录仪 5 中。在加载过程中，$X$-$Y$ 函数记录仪可连续描绘出 $P$-$V$ 曲线。根据 $P$-$V$ 曲线可间接确定条件裂纹失稳扩展载荷 $P_Q$。裂纹长度用读数显微镜测出五个 $a_1$、$a_2$、$a_3$、$a_4$、$a_5$，取中间三个读数的平均值作为有效裂纹长度，要准确到误差不超过 0.5%。根据测得的 $a$ 和 $W$(试件高度)，计算($a/W$)的值，查出 $f(a/W)$ 数值。将 $F_Q$、$B$(试件厚度)、$W$ 和 $f(a/W)$ 代入相应的公式即可算出 $K_Q$。如果试验过程中，能严格满足前述各条件，则 $K_Q$ 就是平面应变断裂韧性 $K_{IC}$。

134

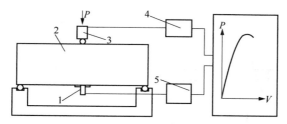

图 5-39　三点弯曲试样的试验装置

1—夹式引伸仪；2—试样；3—载荷传感器；4—应变仪；5—X-Y 记录仪

（3）硬度分析

硬度是评定金属材料力学性能最常用的指标之一。硬度的实质是材料抵抗另一较硬材料压进的能力。硬度检测是评价金属力学性能最迅速、最经济、最简单的一种试验方法。常用的硬度试验有布氏硬度、洛氏硬度、维氏硬度及肖氏硬度等。

① 布氏硬度　金属布氏硬度试验方法由 GB/T 231.1—2009 规定，图 5-40 为布氏硬度试验原理示意图。试验时，采用直径为 $D$ 的钢球作压头，在相应的试验力 $F$ 的作用下压入试样表面，保持规定的时间后卸除试验力，测量试样表面压痕直径 $d$，通过公式计算布氏硬度值。

金属布氏硬度试验适用于布氏硬度值在 650 以下的材料。表示布氏硬度时，在符号 HBW 之前为硬度值，符号后面按一定顺序用数值表示试验条件（球体直径、试验力大小和保持时间等）。当保持时间为 10~15s 时，不需标注。例如，350HBW5/750 表示用直径为 5mm 的硬质合金球在 7.355kN（750kgf）试验力作用下保持 10~15s 测得的布氏硬度值为 350。

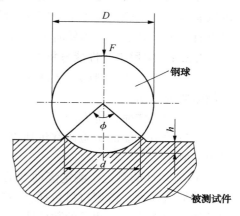

图 5-40　布氏硬度试验原理示意图

② 洛氏硬度　洛氏硬度试验是以一定的压力将一特定形态的压头压入被测材料表面，如图 5-41 所示。根据压痕的深度来度量材料的软硬，压痕愈深，硬度愈低，反之硬度愈高。被测材料的硬度可直接在硬度计刻度盘上读出。

金属洛氏硬洛氏硬度试验方法由 GB/T 230.1—2009 规定。根据所采用压头和试验力的不同，洛氏硬度有 A、B、C、D、E、F 等 11 种标尺。洛氏硬度用硬度值、符号 HR、使用的标尺和球压头代号（钢球为 S，硬质合金球为 W）表示。例如，59HRC 表示用 C 标尺测得的洛氏硬度值为 59；60HRBW 表示用硬质合金球在 B 标尺上测得的洛氏硬度值为 60。洛氏硬度测量简便易行，压痕小，既可测定成品和零件的硬度，也可检测较薄工件或表面较厚硬化层的硬度。三种洛氏硬度中，以 HRC 应用最多。

③ 维氏硬度　维氏硬度的测定原理与布氏硬度基本相同，不同之处在于压头采用锥面夹角为 136° 的金刚石正四棱维体，压痕为正四方锥形，如图 5-42 所示。维氏硬度用 HV 表示，单位为 MPa。

由于维氏硬度测定所用载荷小，压痕浅，故特别适用于测定零件表面的薄硬化层、镀层及薄片材料的硬度。此外，载荷可调范围大，对软、硬材料均适用，测定范围为 0~1000HV。

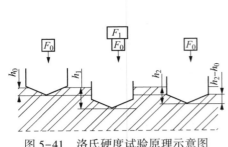

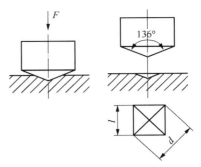

图5-41 洛氏硬度试验原理示意图　　　　图5-42 维氏硬度的测定原理

由于硬度测试设备简单，操作方便、迅速，又不必破坏工件，而且硬度与切削加工性能紧密相关，又与抗拉强度之间存在一定的对应关系，所以零件图上的技术要求往往只标硬度值。

硬度试验方法简便易行，测量迅速，不需要特别试样，试验后零件不会破坏。因此，硬度试验在工业生产中应用十分广泛。硬度试验有多种方法，各种不同方法测定的硬度值之间没有直接的换算公式，需要时可以通过查表的方法进行换算。

### 5.3.4 常用工艺性能分析方法

本节主要介绍材料的工艺性能，即铸造性能、锻压性能、焊接性能、切削性能和热处理性能的研究方法。

（1）铸造性能评价方法

评价铸造性能的试验通常包括流动性、体收缩、线收缩、裂纹倾向、铸造应力、凝固膨胀力的测定等。

① 流动性的测定　测定流动性的试样形状有螺旋试样、U形试样、棒状试样、楔形试样、球形试样等；铸型材料包括：砂型和金属型。螺旋试样法应用较普遍，其特点是接近生产条件，操作简便，测量的数值明显。

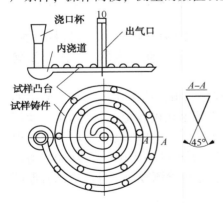

图5-43 同心三螺旋线合金流动性试样简图

螺旋试样基本组成：外浇道、直浇道、内浇道和使合金液沿水平方向流动的具有倒梯形断面的螺旋线形沟槽。合金的流动性是以其充满螺旋形测量沟槽的长度（cm）来确定的。图5-43为同心三螺旋线测定法。同心三螺旋线法是通过同一浇口浇注，并由同一中心流出的均匀分布的三条螺旋线的合金液流动长度的平均值来测定合金的流动性，从而提高了测量精度。

② 体收缩测定　铸铁从浇注温度到常温的收缩，分为液态收缩、凝固收缩、固态收缩三个阶段。体积收缩是上述三种收缩的总和。在铸造生产和科研中，还常用一种比较简单的方法来测定合金的体收缩率。将试样的名义体积作为液态体积，凝固后常温下试样的实际体积作为固态体积。为测定准确，应将裸露气孔用蜡封死，修平，然后放入水中，再后测得固态体积。液态体积与固态体积的差与固态体积的比值即为体积收缩率。

③ 线收缩测定　线收缩率是铸件产生应力、变形及裂纹的根本原因。线收缩率一般通过双试棒热裂-线收缩仪测定，其结构原理如图5-44所示。线收缩试样尺寸为$\phi20mm\times$

136

200mm，直浇口棒 1 设在试棒 2 的中点上，试棒两端呈自由收缩状态。右端的收缩通过石英棒 3 使构件 5 向左移动，而百分表 7 和位移传感器 8 按装在构件 6 上。左端的收缩通过石英棒 4 使构件 6 向右移动。因此，百分表 7 和位移传感器 8 的示值是同步的，并且是两端自由收缩值可直接叠加，总收缩量与试样长度的比值，即为线收缩率。

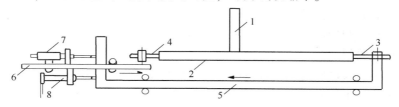

图 5-44　线收缩率测定试验

（2）锻造性能评价方法

金属的锻造性能（又称可锻性）是用来衡量压力加工工艺性好坏的主要工艺性能指标。金属的可锻性好，表明该金属适用于压力加工。衡量金属的可锻性，常从金属材料的塑性和变形抗力两个方面来考虑，材料的塑性越好，变形抗力越小，则材料的锻造性能越好，越适合压力加工。在实际生产中，往往优先考虑材料的塑性。金属的塑性是指金属材料在外力作用下产生永久变形而不破坏其完整性的能力，用伸长率、断面收缩率来表示。变形抗力是指金属在塑性变形时反作用于工具上的力。变形抗力越小，变形消耗的能量也就越少，锻压越省力。塑性和变形抗力是两个不同的独立概念。如奥氏体不锈钢在冷态下塑性很好，但变形抗力却很大。

（3）焊接性能评价方法

焊接性的试验方法有许多种，按照其特点可以归纳为间接评定法和直接试验法两种类型。

① 间接评定法　这类焊接性评定方法一般根据母材或焊缝金属的化学成分-组织-性能之间的关系，结合焊接热循环过程特点进行分析或评价。

常用的工艺焊接性评价方法有碳当量法、焊接裂纹敏感指数法、连续冷却组织转变曲线法、焊接热-应力模拟法、焊接热影响区最高硬度法和焊接断口分析及组织分析法等。如热裂纹敏感性指数法是通过化学成分来估算焊接热裂纹敏感性，包括热裂敏感指数（HCS）法及临界应变增长率（CST）法。对于一般低合金高强钢，包括低温钢和珠光体耐热钢，可采用 HCS 法进行间接评定；对于高强度级的合金结构钢，可采用 CST 法进行间接评定。一般 HCS 越大、CST 越小，钢材热裂纹敏感性也越大。当 HCS≤4 时，或 CST≥6.5×10$^{-4}$ 时，热裂纹敏感性较低。HCS 及 CST 的计算方法如式（5-4）、式（5-5）所示。

$$HCS = \frac{C\left(S+P+\dfrac{Si}{25}+\dfrac{Ni}{100}\right)}{3Mn+Cr+Mo+V}\times10^3 \qquad (5-4)$$

$$CST = (-19.2C-97.2S-0.8Cu-1.0Ni+3.9Mn+65.7Nb-618.5B+7.0)\times10^{-4} \qquad (5-5)$$

常用的使用焊接性的间接评定方法有焊缝及焊接接头的常规力学性能试验、焊缝及焊接接头的断裂韧性试验、焊缝及焊接接头的低温脆性试验、焊缝及焊接接头的高温性能试验、焊缝及焊接接头的耐腐蚀性、耐磨损性试验和焊缝及焊接接头的疲劳试验等。

② 直接试验法　这类焊接性试验方法一般是仿照实际焊接条件，通过焊接过程观察是否产生某种焊接缺陷及产生缺陷的程度，直观地评定金属材料的焊接性。

常用的焊接冷裂纹试验有斜 Y 形坡口焊接裂纹试验、插销试验、拉伸拘束裂纹试验和刚性拘束裂纹试验等。常用的焊接热裂纹试验有可调拘束裂纹试验、压板对接裂纹试验和刚性固定对接裂纹试验等。常用的再热裂纹试验有 H 形拘束试验、缺口试棒应力松弛试验和 U 形弯曲试验等，也可以利用斜 Y 形坡口对接裂纹试验或插销试验进行再热裂纹试验。常用的层状撕裂试验有 Z 向拉伸试验、Z 向窗口试验等。常用的应力腐蚀裂纹试验有 U 形弯曲试验、缺口试验和预制裂纹试验等。实际产品结构实物试验常用的有水压试验、爆破试验、结构运行的服役试验等。

这里以焊接热裂纹试验为例对直接试验法进行简要说明。焊接热裂纹是在焊接高温区产生的一种常见裂纹，主要发生在低碳钢、低合金钢、奥氏体不锈钢、铝及铝合金等金属材料的焊缝金属中，有时也会发生在其焊接热影响区。常用的焊接热裂纹试验方法有压板对接焊接裂纹试验、可调拘束裂纹试验、可变刚性裂纹试验等，其中最常用的是压板对接焊接裂纹试验和可调拘束裂纹试验两种。

压板对接焊接裂纹试验主要用于评定碳素钢、低合金钢、奥氏体不锈钢焊条及焊缝金属的热裂纹敏感性。试验装置如图 5-45 所示。

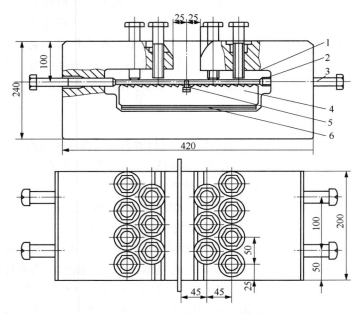

图 5-45　压板对接试验装置

1—C 形拘束框架；2—试板；3—紧固螺栓；4—齿形底板；5—定位塞片；6—调节板

试件的形状及尺寸如图 5-46(a) 所示。一般采用 I 形坡口，若试件厚板较大时，也可用 Y 形坡口，采用机械加工方法预制坡口，坡口附近表面要在焊接前打磨干净。

试验时，先将试件安装在 C 形夹具内，在试件坡口的两端按试验要求装入相应尺寸的定位塞片，以保证坡口间隙(变化范围 0~6mm)。先将横向 4 个螺栓以 $6 \times 10^4$N 的力将试板牢牢固定，再将垂直方向 14 个紧固螺栓以 $3 \times 10^5$N 的力压紧试板。然后按所选择的焊接方法和焊接工艺参数，依次焊接 1~4 试验焊缝，焊缝间距约 10mm，弧坑不必填满，如图 5-46(a) 所示。焊后经过 10min 后将试件从装置上取出，待试件冷却至室温后将试板沿焊缝纵向弯断进行裂纹检测。

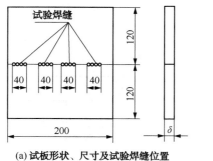
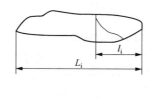

(a) 试板形状、尺寸及试验焊缝位置　　　　(b) 焊缝裂纹及尺寸

图 5-46　压板对接(FISCO)试板尺寸及裂纹计算

分别检查 4 条试验焊缝断面上有无裂纹，并测量裂纹长度，如图 5-46(b)所示。其中，$l_i$ 为焊缝上裂纹长度，$L_i$ 为焊缝长度，最后计算压板对接试验的裂纹率($C_f = \sum l_i / \sum L_i$)。

可调拘束裂纹试验主要用于评定低合金高强钢焊接热裂纹敏感性。这种方法的原理是在焊缝凝固后期施加一定的应变，当外加应变值在某一温度区间超过焊缝或热影响区金属的塑性变形能力时，就会出现热裂纹，从而可以比较焊接热裂纹敏感性。试验可分为纵向和横向两种试验方法，如图 5-47 所示。横向可调拘束裂纹试验主要用于评定结晶裂纹和高温失塑裂纹敏感性，纵向可调拘束裂纹试验主要用于评定结晶裂纹和焊接热影响区液化裂纹敏感性。

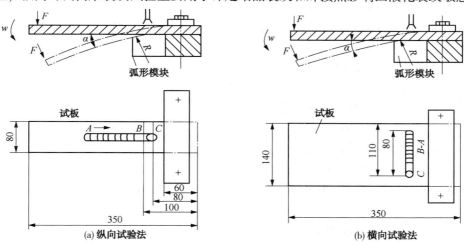

(a) 纵向试验法　　　　　　　　(b) 横向试验法

图 5-47　可调拘束裂纹试验示意图

可调拘束裂纹试验时，加载变形有快速和慢速两种形式。

慢速变形时，采用支点弯曲的方式，应变量由压头下降弧形距离 $S$ 控制，应变速度约为每秒 0.3%~7.0%。快速变形时，应变量由可更换的弧形模块的曲率半径控制。如图 5-47 所示，所用试板尺寸为：$(5\sim16)\,mm \times (50\sim150)\,mm \times (300\sim350)\,mm$。试验用焊条按焊接工艺规定进行烘干。焊接工艺采用常规焊条电弧焊的工艺参数，焊条直径为 4mm，焊接电流为 170A，焊接电压为 24~26V，焊接速度为 150mm/min。试验过程如图 5-47 所示，由 $A$ 点至 $C$ 点进行焊接，当电弧到达 $B$ 点时，由行程开关控制，使加载压头在试样一端突然加力 $F$ 下压，试件发生强制变形而与模块贴紧，电弧继续前行至 $C$ 点后熄弧。变更模块的弯曲半径 $R$ 即可变更焊缝发生的应变量 $\varepsilon$。当 $\varepsilon$ 达到一定数值时，就会在焊缝或热影响区产生热裂纹。一般随着 $\varepsilon$ 增大，裂纹的数目及长度之和也都会增加。

可调拘束裂纹试验中裂纹的分布如图 5-48 所示。试验可直接测得材料不产生结晶裂纹

139

所能承受的最大应变量(临界应变量)$\varepsilon_{cr}$、某应变下的最大裂纹长度 $L_{max}$、某应变下的裂纹总长度 $L_t$ 和某应变下的裂纹总条数 $N_t$ 等数据作为评定指标。

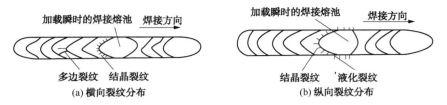

图 5-48　可调拘束试验的裂纹分布

（4）切削加工性能评价方法

切削加工金属材料的难易程度称为切削加工性能。一般由工件切削后的表面粗糙度及刀具寿命等方面的指标来衡量。金属材料的切削加工性比较复杂，很难用一个指标来评定，通常用以下四个指标来综合评定：切削时的切削速度、切削力、切削后的表面粗糙度及断屑情况。

① 以一定工具使用寿命 $T$ 下的切削速度 $v_T$ 衡量切削加工性能

在刀具使用寿命 $T$ 相同的前提下，切削某种材料允许的切削速度 $v_T$ 高，切削加工性就好；反之，$v_T$ 小，切削加工性差。如取 $T=60\min$，则 $v_T$ 可写作 $v_{60}$。生产中，常以切削 45 号钢（正火）的 $v_{60}$ 作为基准，写作 $(v_{60})_j$，其他各种材料的 $v_{60}$ 与之相比，这个比值 $K_v$ 称为材料的相对加工性，即 $K_v = v_{60}/(v_{60})_j$。凡 $K_v > 1$ 的材料，其可加工性比 45 号钢好；反之，则比 45 号钢差。

② 以切削力和切削温度衡量切削加工性能

切削条件相同时，切削力小、切削温度低的材料，其可加工性好；反之则差。例如，灰铸铁的可加工性比冷硬铸铁好，铜、铝及其合金的可加工性比钢料好。在粗加工或机床刚性差、动力不足时，常用此指标。

③ 以已加工表面质量衡量切削加工性能

精加工时，常以已加工表面质量作为可加工性指标。凡容易获得好的表面质量的材料，其可加工性好；反之则较差。根据这一衡量指标，低碳钢的可加工性比中碳钢差，硬铝合金比纯铝可加工性好。

④ 以断屑难易衡量切削加工性能

凡容易卷屑、断屑及清理切屑的材料，其可加工性好；反之则较差。在自动机床或自动生产线上加工时，常以此作为衡量指标。

如果一种材料在切削时的切削抗力小，刀具寿命长，表面粗糙度值低，断屑性好，则表明该材料的切削加工性能好。另外，也可以根据材料的硬度和韧性做大致的判断。硬度在 170~230HBW，并有足够脆性的金属材料，其切削加工性良好；硬度和韧性过低或过高，切削加工性均不理想。

（5）热处理性能评价方法

金属材料适应各种热处理工艺的性能称为热处理性能。衡量热处理性能的指标包括淬透性、淬硬性、耐回火性、回火脆性、表面氧化与脱碳倾向、过热或过烧敏感趋势、淬火变形或开裂倾向等。

钢的热处理工艺性能主要考虑其淬透性。淬透性是指钢材被淬透的能力，或者说淬火时获得马氏体的能力。不同的钢种，淬透性是不同的，因此工件表面到内部的截面上淬成马氏体组织的厚度也不同；淬成马氏体组织的厚度越大，表示该钢中的淬透性越高。这种马氏体组织厚度通常称为硬化层厚度或淬透深度、淬硬层深度等。将淬硬层深度规定为从表面至半马氏体组织区的距离。工件淬火后，如果中心得到了50%马氏体(M)组织就可称其淬透了。淬透性的测定方法包括断口检测法U曲线法、临界直径法、末端淬火法。这里简要介绍U曲线法和末端淬火法。

U曲线法是将一组长度为直径4~6倍的圆柱形试样经加热完全奥氏体化，在一定介质中冷却后，从试样中部切开，磨平后自表面向心部测量试样硬度，其硬度分布如图5-49所示。h表示淬硬区，$D_H$表示为淬硬区，淬透性用淬硬层深度h或$D_H/D$表示。

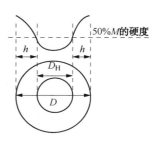

图5-49　U曲线法

末端淬火法简称端淬法是目前应用最广泛的淬透性试验法，端淬法试验示意图如图5-50所示，将试样(图5-51)加热到$(A_{c3}+30)℃$(或按产品标准或协议规定)，停留$(30±5)min$，然后在5s以内将试样迅速放到端淬试验台上喷水冷却。喷水管口距试样顶端为$(12.5±0.5)mm$，喷水柱自由高度为$(65±0.5)mm$，水温10~30℃，水冷时间大于10min。待喷水到试样全部冷透后，将试样沿轴线方向在相对180°的两侧各磨去0.4~0.5mm，获得两个相互平行的平面。然后从距顶端1.5mm处沿轴线自下而上测定洛氏硬度值。硬度下降缓慢时可每隔3mm测一次硬度，并将测定结果绘制为硬度分布曲线，称为端淬曲线，如图5-52所示。淬透性采用JHRC-d表示，J为末端淬透性，d为测试点至水冷端的距离(mm)，HRC是测试点处的硬度值。例如：J42-5表示的是距水冷端5mm处试样硬度值为42HRC。

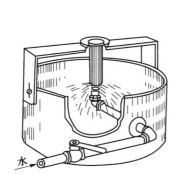

图5-50　端淬法试验示意图

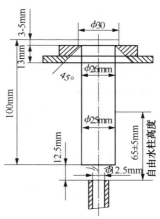

图5-51　端淬法试验试样及试验装置

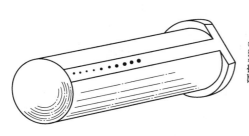

图5-52　端淬曲线测定示意图

141

淬硬性是指钢在正常淬火条件下所能达到的最高硬度。淬火加热时固溶于奥氏体中的碳含量愈高，淬火后马氏体的硬度愈高。因此一般用硬度值衡量其淬硬性。

回火稳定性是指随着回火温度的升高，材料强度和硬度下降的快慢程度，也称回火抗力或抗回火软化能力。回火稳定性可用不同回火温度的硬度值，即回火曲线加以比较评定。

回火时随着回火温度的提高，淬火钢的韧性在某些温度区间显著下降的现象称为回火脆性或回火脆化。一般用淬火钢回火后，快冷与缓冷以后进行常温冲击试验的冲击值之比来表示。比值大于1，则该钢中具有回火脆性，其值越大则回火脆性倾向越大。

# 5.4　材料无损探伤分析方法

无损检测是一门新兴的综合性应用技术。无损检测是在不损伤被检测对象使用性能的条件下，利用材料内部由于结构异常或缺陷存在所引起的对声、热、光、电、磁等反应的变化，探测各种工程材料、零部件、结构件等内部和表面缺陷，并对缺陷的类型、性质、数量、形状、位置、尺寸、分布及其变化作出判断和评价。常用的无损检测方法有超声波探伤、磁力探伤、涡流探伤、渗透探伤、红外线探伤、射线探伤、声发射探伤、激光全息探伤、热中子照相法探伤和液晶探伤等。

## 5.4.1　表面损伤检测方法

（1）磁粉探伤

磁粉检测是利用导磁金属在磁场中(或将其通以电流后产生磁场)被磁化，并通过显示介质来检测缺陷特性。因此，磁粉检测法只适用于检测铁磁性材料及其合金，如铁、钴、镍及其合金等。磁粉检测可以发现铁磁性材料表面和近表面的各种缺陷，如裂纹、气孔、夹杂、折叠等。

磁粉检测时，当材料或工件被磁化后，若材料表面或近表面存在缺陷，会在缺陷处形成一漏磁场，如图5-53所示。该漏磁场将吸引、聚集检测过程中施加的磁粉，而形成缺陷显示。由于集肤效应，磁粉检测深度只有1~2mm，直流磁化时检测深度为3~4mm。

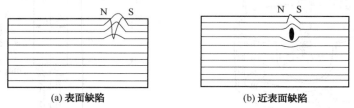

(a) 表面缺陷　　　　　　　　　　(b) 近表面缺陷

图5-53　缺陷漏磁场的产生

磁粉检测用设备与器材主要有磁粉探伤机、磁粉或磁悬液、磁场指示器、灵敏度试块(试片)等。磁粉检测设备，按质量和可移动性可分为固定式、移动式和携带式三种。固定式探伤机的体积和质量都比较大，带有照明装置、退磁装置、磁悬液搅拌/喷洒装置，有夹持工件的磁化夹头和放置工件的工作台及格栅，适于对中小工件进行磁粉探伤，能进行通电法、中心导体法、感应电流法、线圈法、磁轭法整体磁化或复合磁化。另外，固定式探伤机还常常附带配备有触头和电缆，以便对搬上工作台比较困难的大型工件进行检测。磁化电源是磁粉探伤机的核心部分，它是通过调压器将不同的电压输送给主变压器，由主变压器提供一个低电压、大电流输出，输出的交流电或整流电可直接通过工件或通过穿入工件内孔的中心导体，或者通入线圈，从而对工件进行磁化。

（2）涡流探伤

利用电磁感应原理，通过测定被检工件内感生涡流的变化，来评定导电材料及其工件缺陷的无损检测方法称为涡流检测。

涡流产生的感应磁场 $H_s$ 与原磁场 $H_0$ 叠加，使得检测线圈的复阻抗发生变化。导体内感生涡流的幅值、相位、流动形式及其伴生磁场受导体的物理特性影响，因此通过监测检测线圈的阻抗变化即可非破坏地评价导体的物理和工艺性能。常规涡流检测是一种表面或近表面的无损检测方法，主要应用于金属材料和少数非金属材料（如石墨、碳纤维复合材料等）的无损检测。

涡流探伤设备主要由涡流检验线圈、涡流探伤仪、参考试块和其他辅助设施组成。涡流检测仪器主机的主要功能是对涡流传感器提供电激励，接收来自传感器的反馈信号，并输出检测结果。尽管不同的制造厂家为不同应用场合所设计的涡流仪器主机的结构、性能及实现各种功能的方式可能差别很大，但一般都应包含振荡、信号检出、放大、显示输出等基本模块，其典型构成如图 5-54 所示。此外，为提高涡流仪器的抗干扰能力，涡流检测仪一般还包含有同步检波器（又称相敏检波器）、滤波器、幅度鉴别器等模块。

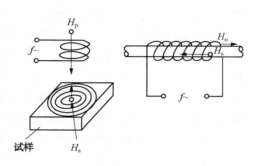

图 5-54　涡流检测基本原理示意图

（3）渗透探伤

渗透检测是一种以毛细作用原理为基础的检测技术，主要用于检测非疏孔性的金属或非金属零部件的表面开口缺陷，如裂纹、气孔、折叠、疏松、冷隔等。渗透探伤基本原理如图5-55 所示。在被检工件表面涂覆某些渗透力较强的渗透液，在毛细作用下，渗透液被渗入到工件表面开口的缺陷中，然后除去工件表面多余的渗透液，再在表面涂一层显像剂，缺陷中的渗透液在毛细作用下重新被吸到工件的表面，从而形成缺陷的痕迹。根据黑光（荧光渗透液）或白光（着色渗透液）下观察到的缺陷显示痕迹，做出缺陷的评定。

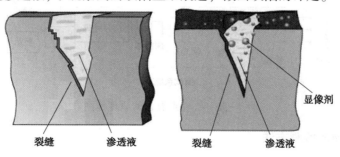

图 5-55　渗透检测原理示意

渗透检测材料包括渗透剂、乳化剂、清洗剂和显像剂等。作为一个整体，它们必须相互兼容，才能满足检测要求。否则，可能出现渗透液、乳化剂、清洗剂及显像剂等材料各自都符合规定的要求，但它们之间却不能相互兼容，最终使渗透检测无法正常进行。除上述渗透剂、清洗剂、显像剂等材料外，渗透检测还要用到试块、渗透检测装置、黑光灯、照度计等设备。

渗透探伤装置一般可分为四类，即固定式、便携式、自动化及专业化渗透探伤装置。对现场检测和大工件的局部检测，采用便携式渗透检测设备非常方便。便携式渗透检测装置也称便携式压力喷罐装置，由渗透液喷罐、清洗剂喷罐、显像剂喷罐、灯、毛刷、金属刷等组成。如是荧光法检测，应采用黑光灯；如是着色法检测，应采用照明灯。

（4）红外线探伤

红外无损检测利用红外热像设备（红外热电视、红外热像仪等）测取目标物体（被检对象）的表面红外辐射能，将其转换为电信号，并最终以彩色图或灰度图的方式显示目标物体表面的温度场，根据该温度场的均匀与否，来反推被检对象表面或内部是否存在缺陷（热特性异常的区域）的一种无损检测新技术。

红外检测设备有红外探测器和红外检测仪器。能够将红外辐射转换为电信号的器件，叫做红外探测器，是进行红外无损检测的基础和关键器件。红外检测的仪器目前分为四类。按检测物体的点、线和面分，依次有红外点温仪（又称红外测温仪）、红外行扫仪、红外热电视和红外热像仪。顾名思义，红外点温仪用于检测物体的点温，红外行扫仪用于检测物体的线温，而红外热电视和红外热像仪则可以检测物体的二维温度场。

红外点温仪的原理框图如图 5-56 所示。红外点温仪的基本构成包括四部分，即红外光学系统、红外探测器、信号放大与处理系统和结果显示与输出系统，另外还应有其他附属部分，如电源和瞄准器等。红外探测器是红外点温仪的核心部分，它的功能是将被测目标的红外辐射能量转变为电信号。选择不同的红外探测器，对决定红外点温仪的性能起关键作用。如探测器采用热电堆时，它的工作波长为 $2\sim25\mu m$，测温范围大于$-50℃$。响应时间约为 0.1s，稳定性比较高；若采用热释电红外探测器作接收器件，它的灵敏度高，如果在电路设计上充分发挥这种器件的特性，则对光学系统的通光孔径及系统噪声的抑制要求可相对降低。

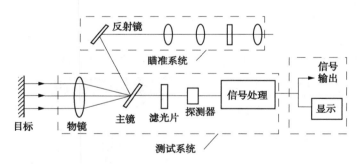

图 5-56　红外点温仪的原理框图

### 5.4.2　内部损伤检测方法

（1）射线探伤

射线探伤又称射线检验，射线探伤是利用射线可穿透物质和在物质中有衰减的特性来发现缺陷的一种探伤方法。射线探伤可检测出物体表面或内部的缺陷，包括缺陷的种类、大小和分布状况。

射线探伤按所使用的射线源种类不同，可分为 X 射线探伤、γ 射线探伤和高能射线探伤等；按其显示缺陷的方法不同，又可分为射线电离法探伤、射线荧光光屏观察法探伤、射线照相法探伤、射线实时图象法探伤和射线计算机断层扫描技术等。

144

射线照相法探伤的基本原理是将感光材料(胶片)置于被检测试件后面，用来接收透过试件后的射线，如图5-57所示。因为胶片乳剂的摄影作用与感受到的射线强度有直接关系，经过暗室处理后，就会得到被检物的结构影像。根据底片上影像形状和黑度的不均匀情况来评定材料中有无缺陷及缺陷的性质、形状、大小和位置。

射线照相检测设备主要包括 X 或 γ 射线探伤机、透度计、增感屏、感光胶片、观片灯、射线强度检测设备和暗室设备等，除此之外，根据检测工作的需要，还可能有试样传送、标志工具等其他辅助设施。

（2）超声波探伤

超声波探伤又称超声波检验，是工业无损检测技术中应用最为广泛的检测技术之一，也是无损检测研究领域最为活跃的技术之一。如用声速法评价灰铸铁的强度

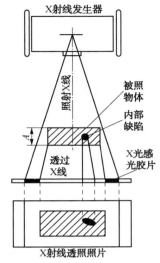

图 5-57　射线照相法探伤的原理图

和石墨含量、超声衰减法和阻抗法确定材料的性能、超声衍射和临界角反射法检测材料的力学性能和表层深度，以及新型超声检测仪器的研究等，都是比较典型和集中的研究方向。

超声检测设备包括超声检测仪器、探头等，超声检测用器材有试块、耦合剂等。超声波检测仪是超声检测的主要设备，其作用为产生电振荡并加于探头之上，激励探头发射超声波，同时将探头送回的电信号放大，用一定方式显示出来，从而得到被检工件内部有无缺陷及缺陷位置和大小等信息。超声检测仪按其工作原理可分为脉冲反射法、穿透法和共振法超声波探伤等；按其显示缺陷的方式可分为 A 型、B 型、C 型和 3D 型显示超声波探伤等。A型脉冲反射式超声检测仪是使用范围最广、最基本的一种仪器。A 型脉冲反射式超声检测仪由同步电路、扫描电路、发射电路、接收放大电路、显示器、电源电路等主要电路，以及延时电路、报警电路、深度补偿电路、标记电路、跟踪及记录等附加装置组成。电路框图如图5-58所示。探伤时，同步电路产生周期性同步脉冲信号，一方面，同步脉冲触发扫描发生器产生线性的锯齿波，经扫描放大加到示波管水平($z$ 轴)偏转板上，产生一个从左到右的水平扫描线，即时基线；另一方面，触发发射电路产生高频脉冲，施加到探头上，激励晶片振动，在工件中产生超声波。超声波在工件中传播，遇到缺陷或底面产生反射，产生的反射回波再由探头接收，经接收电路放大、检波，信号电压加到示波管的垂直($y$ 轴)偏转板上，使电子束发生垂直偏转，在水平扫描的相应位置上产生缺陷回波和底面回波。

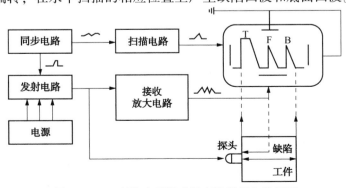

图 5-58　A 型脉冲反射式超声检测仪电路框图

145

（3）声发射探伤

声发射探伤是在不使结构（件）发生破坏的力的作用下进行。在这种力的作用下构件内缺陷发生某些变化（如塑性变形、裂纹的形成和扩展），多余的能量以弹性波的形式释放出来。缺陷在探伤中主动参与了探伤过程，所以它属于一种无损动态探伤方法。

材料中局域源快速释放能量可产生瞬态弹性波，材料在应力作用下的变形与裂纹扩展、流体泄漏、摩擦、撞击、燃烧等现象，均可引起应变能以应力波形式的释放。当释放的应变能足够强的时候人耳是可以分辨的，但是大部分金属释放的应力波很微弱，必须借助仪器才能检测到。声发射检测原理如图5-59所示。

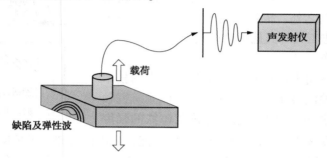

图 5-59　声发射仪工作原理

# 参 考 文 献

[1] 冯端，师昌绪，刘治国. 材料科学导论[M]. 北京：化学工业出版社，2002.

[2] 周达飞. 材料概论[M]. 北京：化学工业出版社，2001.

[3] 顾宜. 材料科学与工程基础[M]. 北京：化学工业出版社，2002.

[4] 郑修麟. 材料的力学性能[M]. 西安：西北工业大学出版社，2007.

[5] 周益春，郑学军. 材料的宏微观力学性能[M]. 北京：高等教育出版社，2009.

[6] 姚海云，胡艳华，王丽霞. 热处理工艺对 16Mn 钢晶粒形貌的影响[J]. 金属热处理，2014，3(10)：25-28.

[7] 杜晓晗，翁永刚，刘志勇，等. 不同加钛方式对 ZL108 合金磨损性能的影响[N]. 郑州大学学报，2007，39(1)：79-83.

[8] 杨淋，曾旋，周佳为，等. 低压脉冲磁场对 ZL108 合金共晶硅形貌及磨损性的影响. 特种铸造及有色合金[J]. 2014，34(3)：326-328.

[9] 李卓然，冯吉才，于捷，等. H68 黄铜法兰和紫铜管钎焊接头组织特征[J]. 焊接金相，2005.

[10] 张秀妹，彭开萍，李晶. 模压形变对纯铁和 Q235 钢组织与力学性能的影响[J]. 机械工程材料 2014 (38)12：75.

[11] 赵勇桃，董俊慧，赵莉萍，等. 1Cr13 马氏体不锈钢与 1Cr18Ni9 奥氏体不锈钢焊接接头组织及性能研究[J]. 材料科学与图像科技，2007：355.

[12] 崔占全，孙振国. 工程材料[M]. 北京：机械工业出版社，2013.

[13] 付华，张光磊. 材料性能学[M]. 北京：北京大学出版社，2010.

[14] Hongyi Zhan, Gui Wang, Damon Kent, Matthew Dargusch. The dynamic response of a metastable β Ti-Nb alloy to high strain rates at room and elevated temperatures[J]. Acta Materialia 105(2016)104-113.

[15] W. Xu, D. Westerbaan, S. S. Nayak, D. L. Chen, F. Goodwin, E. Biro and Y. Zhou, Microstructure and fatigue performance of single and multiple linear fiber laser welded DP980 dual-phase steel[J]. Materials Science and Engineering A, 2012, 553, 51-58.

[16] P. Cizek the microstructure evolution and softening processes during hightemperature deformation of a 21Cr-10Ni-3Mo duplex stainless steel[J]. Acta Materialia 106 (2016) 129-143.

[17] 左演声. 材料现代分析方法[M]. 北京：北京工业大学出版社，2000.

[18] 周玉. 材料分析方法[M]. 北京：机械工业出版社，2011.

[19] 刘庆锁，孙继兵，陆翠敏，等. 材料现代测试分析方法[M]. 北京：清华大学出版社，2014.

[20] 庞丽君，尚晓峰. 金属切削原理[M]. 北京：国防工业出版社，2009.

[21] 赵熹华. 焊接检验[M]. 北京：机械工业出版社，2003.

[22] 宋天民. 无损检测新技术[M]. 北京：中国石化出版社，2012.

[23] J. 本斯迪德，P. 巴恩斯. 水泥的结构和性能[M]. 廖欣，译. 第 1 版. 北京：化学工业出版社，2009.

[24] 许并社. 材料概论[M]. 北京：机械工业出版社，2015.

[25] 刘春延. 工程材料及加工工艺[M]. 北京：化学工业出版社，2009.

[26] 于爱兵. 材料成型技术基础[M]. 北京：清华大学出版社，2010.

[27] 李爱菊，孙康宁. 机械材料成型与机械制造基础[M]. 北京：机械工业出版社，2010.

[28] 汤酞则. 材料成型工艺基础[M]. 第 2 版. 长沙：中南大学出版社，2004.

[29] 关长斌，郭英奎，赵玉成. 陶瓷材料导论[M]. 哈尔滨：哈尔滨工程大学出版社，2005.

[30] 李云涛，王志华，李海鹏，等. 材料成型工艺与控制[M]. 第 1 版. 北京：化学工业出版社，2010.

[31] 王爱珍. 工程材料及成型工艺[M]. 第 1 版. 北京：机械工业出版社，2011.

[32] 林小娉. 材料成型原理[M]. 第 1 版. 北京：化学工业出版社，2010.

[33] 刘敏嘉. 公差及切削加工工艺学[M]. 西安：陕西科学技术出版社，1998.

[34] 王慧敏. 高分子材料概论[M]. 第 2 版. 北京：中国石化出版社，2010.

[35] 胡珊，李珍，谭劲，等. 材料学概论[M]. 北京：化学工业出版社，2012.

[36] 余世浩，杨梅. 材料成型概论[M]. 北京：清华大学出版社，2012.

[37] 王慧敏. 高分子材料概论[M]. 第 2 版. 北京：中国石化出版社，2010.

[38] 曾晓雁，吴懿平. 表面工程学[M]. 北京：机械工业出版社，2015.

[39] Ohmori A，Li CJ. Quantitative characterization of the structure of plasma-sprayed $Al_2O_3$ coating by using copper electroplating[J]. Thin Solid Films，1991，201（2）：241-252.

[40] 黄丽. 高分子材料[M]. 第 2 版. 北京：化学工业出版社，2010.

[41] 卢安贤. 无机非金属材料导论[M]. 第 3 版. 长沙：中南大学出版社，2013.

[42] 张彦华，薛克敏. 材料成型工艺[M]. 北京：高等教育出版社，2008.

[43] 戴金辉，柳伟. 无机非金属材料工学[M]. 哈尔滨：哈尔滨工业大学出版社，2012.

[44] 潘复生，张丁非，等. 铝合金及应用[M]. 北京：化学工业出版社，2006.

[45] 刘培兴，刘晓瑭，刘华鼐. 铜合金熔炼与铸造工艺[M]. 北京：化学工业出版社，2010.

[46] 刘平，任凤章，贾淑果，等. 铜合金及其应用[M]. 北京：化学工业出版社，2007.

[47] 王维邦. 耐火材料工艺学[M]. 第 2 版. 北京：冶金工业出版社，2011.

[48] 刘辉敏. 水泥生产技术基础[M]. 北京：化学工业出版社，2013.

[49] 赵彦钊，殷海荣. 玻璃工艺学[M]. 北京：化学工业出版社，2006.

[50] 贾成厂，郭宏. 复合材料教程[M]. 北京：高等教育出版社，2010.

[51] 贺英. 高分子合成和成型加工工艺[M]. 北京：化学工业出版社，2013.

[52] 黄勇，吴建光. 高性能结构陶瓷的现状和发展趋势[J]. 材料科学进展，1990，4(2)：150-160.

[53] 马毓，赵启林，江克斌. 树脂基复合材料连接技术研究现状及在桥梁工程中的应用和发展[J]. 2010，(3)：78-82.

[54] 唐剑，王德满，刘静安，等. 铝合金熔炼与铸造技术[M]. 北京：冶金工业出版社，2009.

[55] 林钢，林慧国，赵玉涛. 铝合金应用手册[M]. 北京：机械工业出版社，2006.

[56] 肖恩奎，李耀群. 铜及铜合金熔炼与铸造技术[M]. 北京：冶金工业出版社，2007.

[57] 王捷. 电解铝生产工艺与设备[M]. 北京：冶金工业出版社，2006.

[58] 罗群. 纳米材料制备方法[J]. 广东化工，2015，42(20)：9-11.

[59] 段学臣，曾真诚，高桂兰. 纳米材料制备方法和展望[J]. 稀有金属与硬质合金. 2001，147：49-52.

[60] 刘珍，梁伟，许并社，等. 纳米材料制备方法及其研究进展[J]. 材料科学与工艺. 2000，8(3)：103-108.

[61] 武卫莉，杨秀英. 橡胶加工工艺学[M]. 哈尔滨：哈尔滨工业大学出版社，2012.

[62] 杨明山，赵明. 高分子材料加工工程[M]. 北京：化学工业出版社，2013.

[63] 李楠，顾华志，赵惠忠. 耐火材料学[M]. 北京：冶金工业出版社，2010.